纺织服装类“十四五”部委级规划教材

实用服装画技法

郭玉燕 编著

東華大學 出版社 · 上海

图书在版编目 (CIP) 数据

实用服装画技法 / 郭玉燕编著 . -- 上海 : 东华大学出版社 , 2022.4
ISBN 978-7-5669-2047-8

Ⅰ . ①实… Ⅱ . ①郭… Ⅲ . ①服装 – 绘画技法 Ⅳ . ① TS941.28

中国版本图书馆 CIP 数据核字 (2022) 第 051697 号

该教材获上海市中高职教育贯通高水平专业建设项目
（服装与服饰设计专业）资助

责任编辑：谭　英
封面设计：鲍文萱

纺织服装类“十四五”部委级规划教材
实用服装画技法
Shiyong Fuzhuanghua Jifa
郭玉燕 编著

东华大学出版社出版
上海市延安西路 1882 号
邮政编码：200051　电话：（021）62193056
出版社网址　http://dhupress.dhu.edu.cn
天猫旗舰店　http://www.dhdx.tmall.com
上海盛通时代印刷有限公司印刷
开本：889mm×1194mm　1/16　印张：7.5 字数：264 千字
2022 年 4 月第 1 版　2022 年 4 月第 1 次印刷
ISBN 978-7-5669-2047-8
定价：49.00 元

服装与服饰设计专业中高职贯通系列教材编委会

前言 Foreword

在开始学习本书之前，可先思考两个问题：一是手绘服装画是不是过时了？二是为什么作者要写这本书？

现今服装设计师们都借用电脑来进行服装设计，这是否意味着直接学习电脑服装画就可以？其实不然。利用电脑工具作服装设计画稿，相当于服装画技法之一。因此，可以在学好手绘服装画技法基础课程之后，侧重学习用电脑软件来完成服装效果的表达。在实用服装画技法学习中，所涉及的人体与服装比例结构等知识以及服装面辅料质感的表现等，可以在手绘学习中打好基础，之后在运用电脑软件工具时就能灵活地变化。绘制工艺单时结合电脑使用，制单会更加方便；运用电脑软件绘制服装款式图，能使款式图更加对称和工整。虽然如此，但手绘服装画在服装设计师的工作中仍是其重要的技能之一。比如，在记录设计师的随时所见所感和设计创意时，手册上的手绘图能锁定美的灵感。同时，手绘服装画还可用于如陈列、广告、形象设计等。另外，有设计软件研发需求的年轻人，通过服装画技法知识的学习，能为开发和更新服装设计软件的功能增色。未来服装的智能设计和生产管理很需要兼具懂设计生产与软件开发的两栖人才。所以手绘服装画技法的学习，不仅是服装设计师需要学习的技能，也是相关研发人员创新以及服装设计爱好者或消费者交流审美需求、感受创造服饰之美乐趣的方法。

现有的服装画技法书很多，且书中作品都比较出色，也早已是学生们的学习范本。但随着教改要求的进步，教学过程中常遇到在教学内容和顺序上需要调整与完善的问题，因此本书编写呈现了一个完整的教学课程，且书中整理了作者积累的一些与教学实践相关的内容和经验以供借鉴。本书可以与现有的服装画技法书在内容上进行互补。本书是根据作者近 30 年的教学经验以及各类学员的学习需求和感悟所梳理出来的一本教材，其按教学步骤，从专业基础入手，结合学生职业方向而编写。本书浅显易学，随单元进度由浅入深，能适应不同基础的学员进行快速学习。同时，本书作者将分析方法蕴含在绘画技法中，能使学习者知其所以然地学习，通过学习画服装画来学一点学习和思考的方法。编写此书的主要目的是，力求能使学生学以致用，能快速、高效地掌握服装画技法，在内容上结合实践需求，面向未来。

本书中画稿力求匠意和课程化，因此本书可以作为其他服装画技法提高课程的学前课本。本书适用于服装专业院校学生的课程教材使用，服装业余培训及服装业余爱好者自学使用，服装专业企业及相关专业人员参考。

希望借助这本书，学习者能在近一个月（共 100 多课时）的课程中，不仅学会画服装，还能增进新的想法，为快捷、有效地掌握与服装相关的知识技能，开拓新的事业而助力。愿本书能得到预期的效果及获得大家的喜欢。

作者

学前准备

在进入课程学习之前，可先尝试着把你自己或同伴身上穿着的衣服画下来，看看自己对服装的观察理解和表达能力如何；同时也能与学完本课程后的作品进行对比，看看有哪些进步。因为不同基础、不同目标的学习者，可以有不同的学习方法，在学习前需要先自我摸底一下。此时可以一边画一边回答以下几个问题：

一是为什么要学服装画技法？是将来想从事服装设计工作的在校学生，还是正在从事服装专业相关工作者？想快速掌握服装设计表达方法,拓展职业前景？或是业余爱好者（喜爱美术和设计），亦或是正在从事与之相关的工作？

二是学完本课程后期望达到什么样的目标？是能画一张漂亮的服装画，学会做完整的设计稿，还是要从创意到实践地去从事相关的工作？比如服装的舞美设计及广告、陈列等。

三是准备投入多少时间到这项学习中？

不同需求和目标的学习者，其学习的内容和方法以及步骤可以是不同的。比如，针对服装专业职业培训学习的学生，需要从本课程的第一章开始学，一直到第四章；企业专业人员的培训，可以侧重第二章的学习；其他爱好者也可以从第三章开始学，侧重后面的效果图。全程学习完后，还可以通过借助一些其他书籍的学习，建立个人的绘画风格。

目录 Contents

第一章 概述

第一节 服装画的分类

一、概念

服装画属于一种实用美术，是以服装为主要内容的绘画。服装画通常是服装设计师表达服装美感和设计效果的方法之一，也是服装设计生产中的重要环节，还可以是装饰艺术的形式之一。

服装画的学习内容包括各类服装款式图和人体着装效果图的表现，还包括对人体特征及变化规律的了解，不同服装结构及服装面料效果的表达，以及画面着色等基础知识的应用等。另外，服装画会因其用途不同而其形式也不同，还会因绘制材料和工具及手法的不同而可以出现许多不同的画面效果。

二、分类

服装画如按用途来分可分为三大类：服装款式效果图（简称服装款式图）、人体着装效果图（简称服装效果图）、创意服装画。

（一）服装款式图

它是单纯表现服装款式特征的图稿，一般用于所设想服装的设计草图或设计说明以及设计打样单和各类工艺单上。在企业里也常用电脑来绘制服装款式图，其便于部门间传递和存档。而手绘服装款式图在设计构思、改稿及与客户沟通时，其应用更为方便。服装款式图还可细分为款式效果图和款式平展图。

1. 款式效果图

款式效果图是以表现服装在模架上时的效果的完整图形，其比例与穿着效果一致，通常需以正、背面款式图或侧视图表示，有时需标明细部结构和工艺。（见图 1-1-1）

A. 款式效果图及细部工艺的平展图

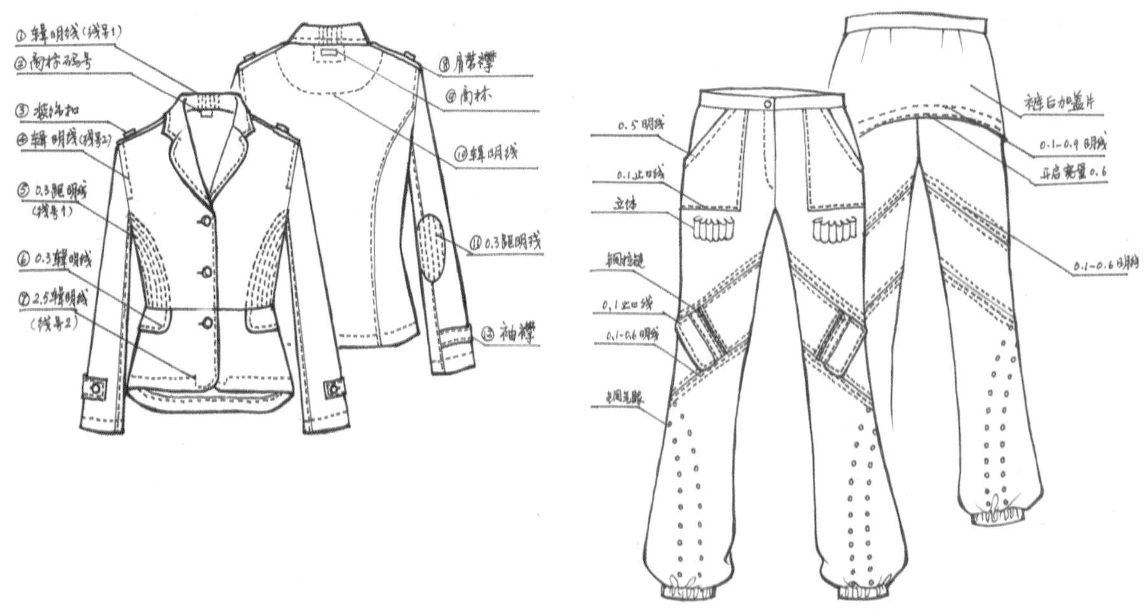

B. 标明细部结构和工艺说明的款式图

图 1-1-1 款式效果图

2. 款式平展图

用以表现服装平铺时的形态，其比例接近制板图。平展图多用于运动休闲类服装的生产加工单上，通常需要以正、背视图及细部结构和工艺标注。有时展平的款式图能更详细地表现如服装腋下侧缝等处的局部结构，这些细节是着装效果图所不能及的。（见图 1-1-2）

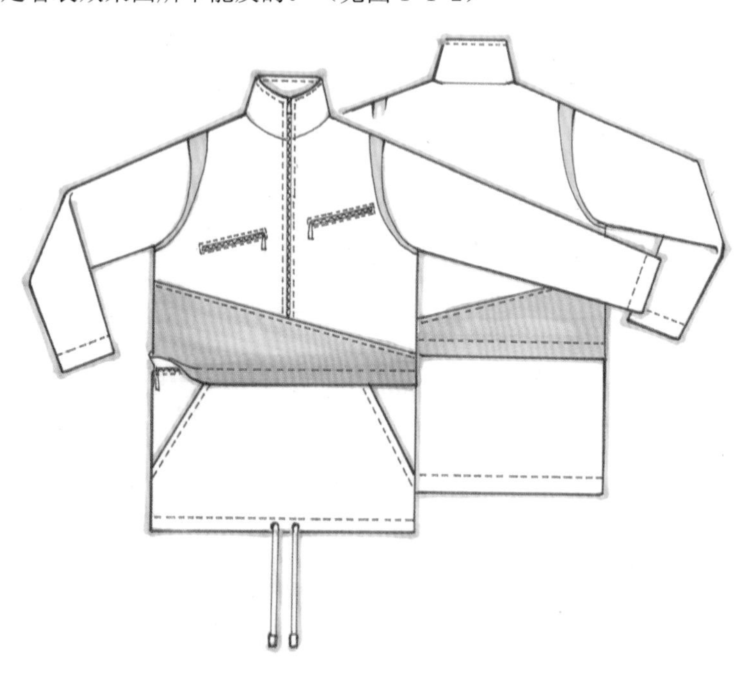

图 1-1-2 款式平展图与着装效果图比较

（二）服装效果图（人体着装效果图）

人体着装效果图是以表现服装在人体上穿着时的效果的画面。一般它用于服装整体设计，能体现穿着人群的风格定位，表现服装的配搭及穿着效果。它可用于从单款到系列设计以及创意表现。（见图 1-1-3）

图 1-1-3 服装效果图（人体着装效果图）

人体着装效果图会因其用途和技法及材料的不同而可以有许多不同的表现形式。

1. 线描人体着装效果图

线描人体着装效果图常用于设计工作单上，并配以款式正、背面视图及工艺说明，能反映服装与人体的比例关系和穿着效果。（见图 1-1-4）

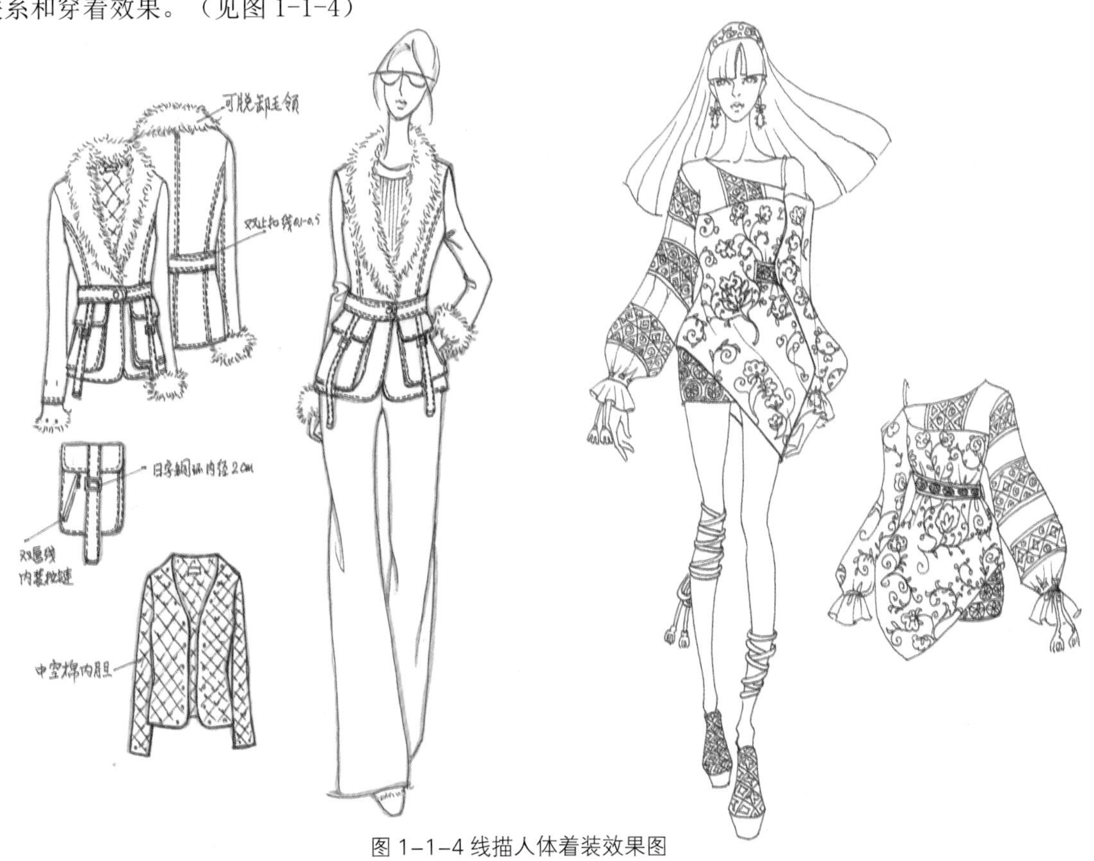

图 1-1-4 线描人体着装效果图

2. 手绘彩色人体着装效果图

彩色人体着装效果图常用于有主题定位的系列服装设计。彩色效果图较易体现服装面料色彩等完整效果，也能体现系列服装整体风格及服装品牌的形象特征。（见图 1-1-5）

图 1-1-5 彩色人体着装效果图

彩色效果图画稿的构图及形式多样，随设计风格和主题变化而变化，可选择不同姿态的人体与服饰搭配及背景处理等来表现，需要时还可以做动态和比例上的夸张表现。

彩色效果图画面的色彩效果会因材料与工具的不同而变化。常用的工具有水彩、水粉、彩铅（彩色铅笔）和马克笔等。工具的选择以便捷使用并能够较好地保留底稿上服装画的线条结构为佳。（见图 1-1-6 ～图 1-1-9）

图 1-1-6 马克笔效果图

图 1-1-7 水彩画效果图

图 1-1-8 水粉画效果图　　图 1-1-9 彩铅画效果图

3. 结合电脑绘制的服装效果图

用电脑手绘板或用软件也能实现类似的服装效果图，还能快捷地变换色调。

根据不同用途，人体着装效果图的表现手法可以综合使用，如可以在线描稿上进行局部上色、加款式说明和附贴面料等。（见图 1-1-10）

A. 利用电脑进行局部上色　　B. 利用电脑添加款式说明

图 1-1-10 结合电脑绘制的服装效果图

（三）服装创意画

它是以服装与人体审美创新设计为主，用于各种创意的服装画。如用于创新服装交流、服饰广告与陈列、剧本形象设计、美术装饰、插图及封面设计等。古今中外有许多以人体与服装之美为主的绘画（见图 1-1-11）。服装创意画既可以是整体或局部的画面，也可用多种方式表现，如手绘稿上色、电脑读入改色等技法表现，还可用各色面料或彩纸等材料进行拼贴、投影等技法。

唐代服装之美

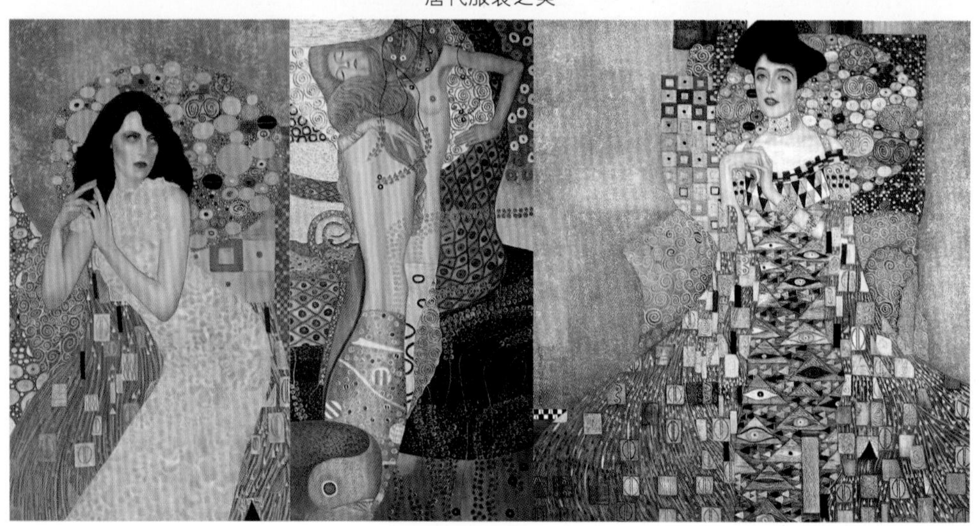

服装之美　　人体之美　　装饰之美

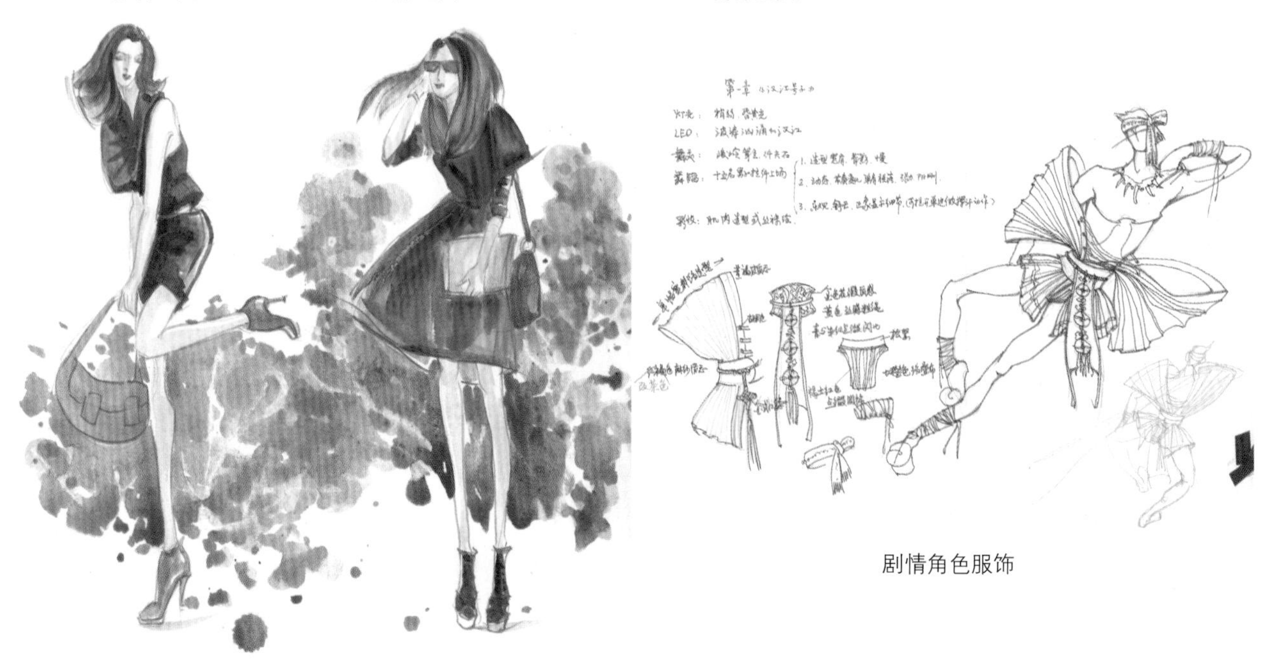

服装画插图　　剧情角色服饰

图 1-1-11 服装创意画

思考题：

1. 服装款式图和服装效果图的区别是什么？

2. 服装平展图有何特点，其与一般款式图有何异同？

3. 为什么学服装画技法前要先学好款式图的绘制？

（可以尝试将你自己穿着的服装画下来，再创想着画一幅自我设计的服装效果图，然后带着以上的问题进入后面章节的学习。）

第二节 服装画课程要点及美术基础准备

一、服装画课程要点

学习服装画是一个循序渐进的过程。本书参考服装画课程教学课时安排，把这个过程分为5个单元来逐步进行。学员也可根据所需来选择部分进行重点练习。

1. 第一单元（4课时）

在第一单元中，对开始学习服装画技法前的应知应会的知识进行介绍和进行入门基础训练。

（1）了解不同用途的服装画分别有哪些要求，不同目标的学员可因此选择学习侧重点和掌握学习程度及时间安排。

（2）了解所需工具与材料，同时对必备基础知识进行预习和复习，对学习服装画所需具备的线描基础做些训练，以便进入课程时能更有效地进步。

2. 第二单元（24课时）

在第二单元中，主要学习绘制款式图和工艺单，针对企业里设计与生产中服装画的用途及各环节内容展开学习研究，力求学以致用。

（1）通过学习各种款式图的绘制，了解通常的服装与人体的比例关系，了解实用服装画表现服装结构的基本要点和细部表达的方法。

（2）学习绘制款式图和工艺单，了解服装画在服装生产环节中的作用和注重点，与企业里的设计与生产工作接轨。

3. 第三单元（32课时）

在第三单元中，学习人体着装效果图的绘制。这一部分是服装画的难点和重点。

（1）在了解人体比例的基础上，学会从人的头部、手和脚到人体的画法及人体动态规律的分析，学会画人物动态图，还要学会能思考和掌握人体动态的规律及其对服装的影响与要求。

（2）在学会画着装效果图和企业中常用设计手稿的同时，除了学习从灵感源到设计稿的画法，还要引导设计稿绘制者从工艺制造的角度出发，能完整、详细地表现服装的整体和细部处理效果。

4. 第四单元（24课时）

在第四单元中，学习绘制彩色的服装效果图。

（1）在线描稿的基础上，学会用彩色铅笔、马克笔、水彩颜料等上色。在掌握色彩工具使用的同时，学会虚实处理画面及各种服装质感的表现。从临摹到服装照片翻稿，再到创作稿的绘制，逐步学会画彩色的服装效果图。

（2）学画彩色服装效果图时，能将服装照片翻绘成色彩效果图。学会主动选择材料工具和手法，使上色技巧更加成熟。

（3）学习彩色服装效果图系列稿的制作。从构图布局到色调定位，学会整体设计稿的绘制。

5. 第五单元（24 课时）

在第五单元中，学习服装创意画。它是服装画拓展学习的训练。

（1）通过参考各种风格的创意手稿，从中汲取多元方法和美感共鸣，为形成自己手稿的个性而积累灵感源。

（2）进一步拓展视野，了解服装画更多的用途和效果及要求。

二、应备的美术基础

随着课程中学习程度的深入，对学员的基础能力的要求也会越高。那么不同基础和不同目标的学员应该怎样入门、怎样选择学习的重点和适合自己的学习内容呢？在学习服装画技法课程之前，先要具备哪些基础知识呢？下面介绍一下通常情况下学员应具备的基础知识。

（一）造型基础及色彩知识

在学习服装画技法课程之前，一般专业院校设置了素描、人物速写以及平面构成、立体构成和色彩构成等基础课程，并有相应的理论和实践练习。（见图 1-2-1）

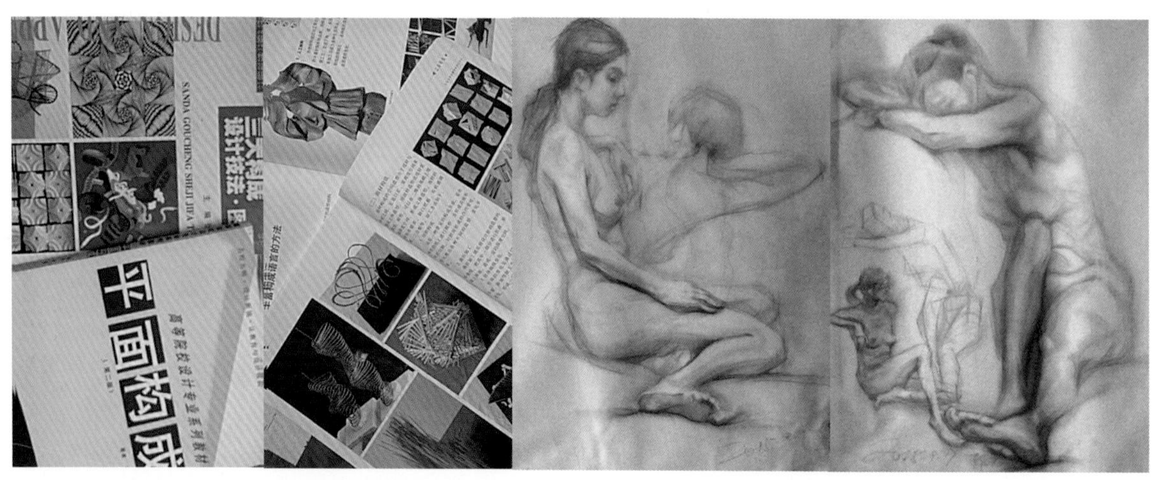

A. 需学习的三大构成的相关图书　　　　B. 素描及速写

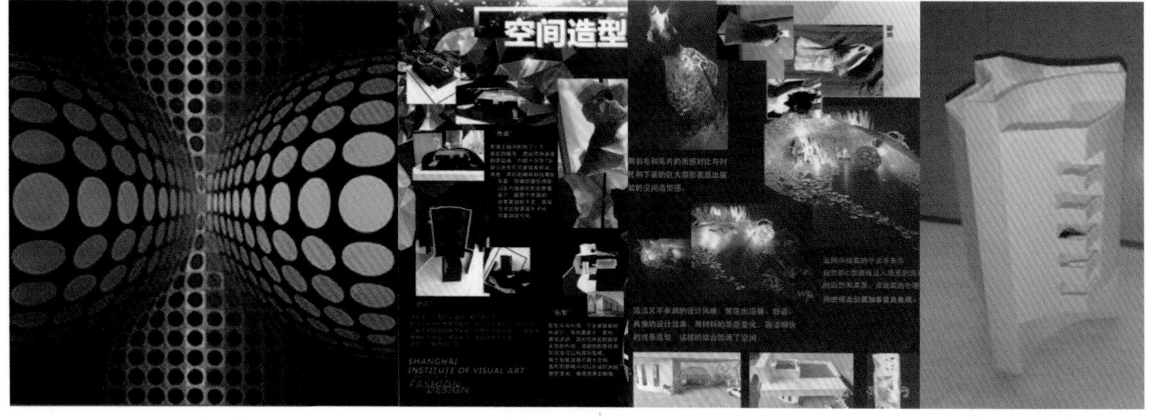

C. 平面色彩构成　　　　D. 立体构成作业　　　　E. 立体构成

图 1-2-1 基础课程及相应的理论和实践练习

对于非专业院校的学生，可以通过观摩素描作品，阅读有关造型和色彩方面的书籍，掌握简单的比例和透视及色彩基础知识。比如，了解色相环上三原色和间色及补色等的关系；通过调色游戏理解色立体中色相和明度及纯度的关系；学会能用水彩颜料调出常用的肤色及服装的颜色，判断色卡上各色的调色方案。（见图 1-2-2）

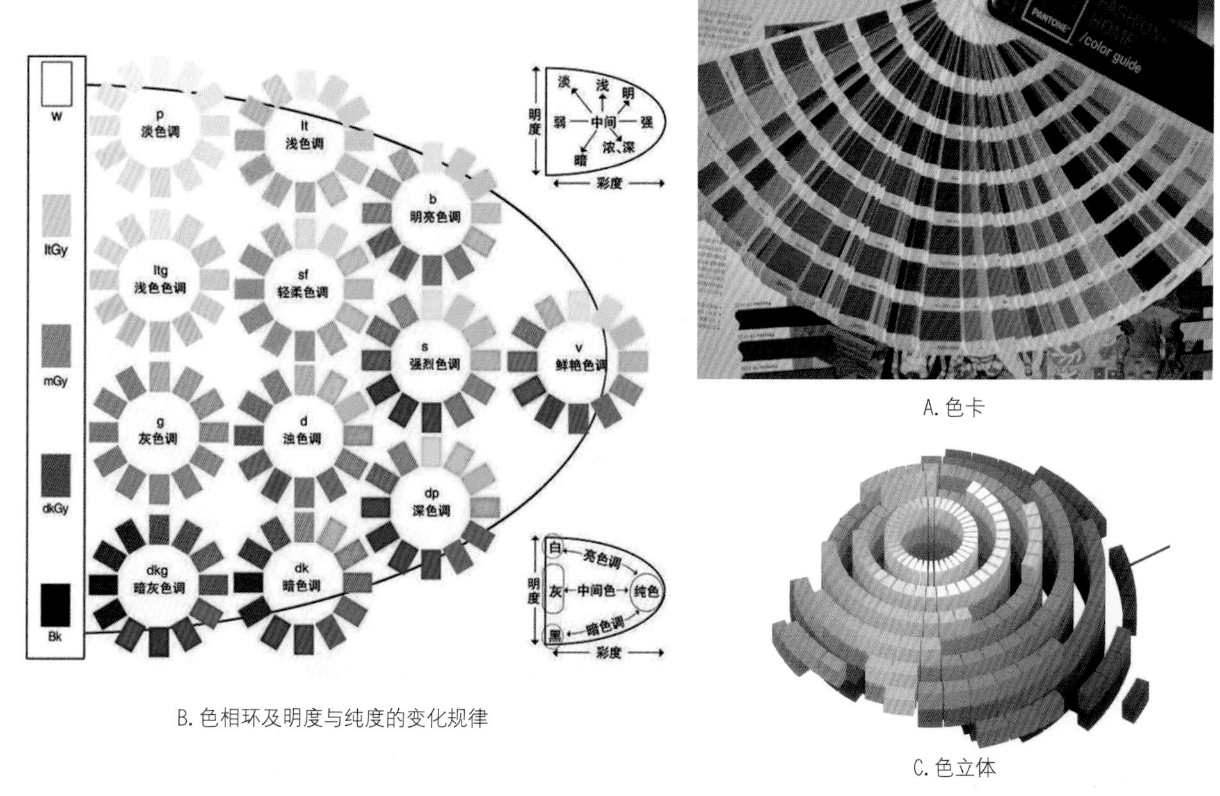

A.色卡

B.色相环及明度与纯度的变化规律

C.色立体

图 1-2-2 色彩基础知识

（二）形式美基础理论

在三大构成课程中所学习的形式美原理，同样适用于服装画技法中。因此，在开始服装画技法课程练习之前，对各类服装画技法书中的作品进行观摹与分析，充分阅读与理解书中赏析和理论部分，最好还能对书中作品从形式美原理上作分析，如形和色的对比与统一的强调、疏密强弱等韵律关系的感知和理解等，这些能提高学员对画面整体效果的把控和平衡调整的能力。

第三节 学习服装画所需用品及相关基础训练

服装画属于一种实用美术。作不同用途时服装画需要用到不同的技法和工具。这里介绍一些常用、实惠的工具用品以及简单的入门基础训练，供初学者参考。

一、基本绘画用品介绍

在第一、第二单元的学习中只需要线描画工具，如铅笔（HB/2B/4B）、橡皮、黑水笔（0.5/0.7mm）、普通厘米直尺或三角尺、A3 纸等。在绘制工艺单时，可以用电脑制表。在第三、第四单元的学习中，会增加彩色铅笔、马克笔（彩色水笔）、毛笔（白云笔、狼毫笔），还有普通水彩画颜料、白卡纸及彩色纸等。到了第四单元后期和第五单元的学习时，则会用到各类材料用品，如广告纸、各种肌理的彩色纸和各类色彩的碎面料、胶水，还包括各种有色材料等。学习者可以自由发挥地运用。（见图 1-3-1、图 1-3-2）

表 1-3-1 为基本用品，供初学者参考。用品可逐渐添置。

表 1–3–1 基本用品表

课程单元	建议用笔	建议用纸	颜料等	其他
第一单元	HB 到 6B 铅笔各一支	白色 A3 纸约 200 张	—	卷皮尺、直尺或三角尺、橡皮、刀片、 剪刀、画板 等
第二单元	0.2mm 到 0.7mm 的黑水笔各一支（或美工钢笔一支）			
第三单元	增加毛笔：小白云、中白云、小狼毫、大狼毫各一支	A3 白卡纸约 20 张，各色彩卡纸若干	水彩画颜料、调色盒、洗水捅、吸水巾等	胶带纸、刷子、小海绵等
第四单元	彩色铅笔、马克笔（彩色水笔）各一套			
第五单元	可增加高光笔及金色和银色的勾线水笔等（亦可适用于第四单元）	增加广告纸等	水粉色、岩画色、彩色纸和布料等	胶水等

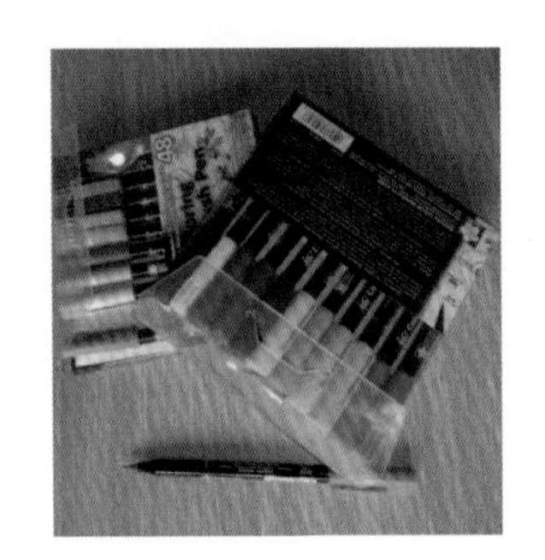

图 1–3–1 彩色水笔

图 1–3–2 彩色铅笔

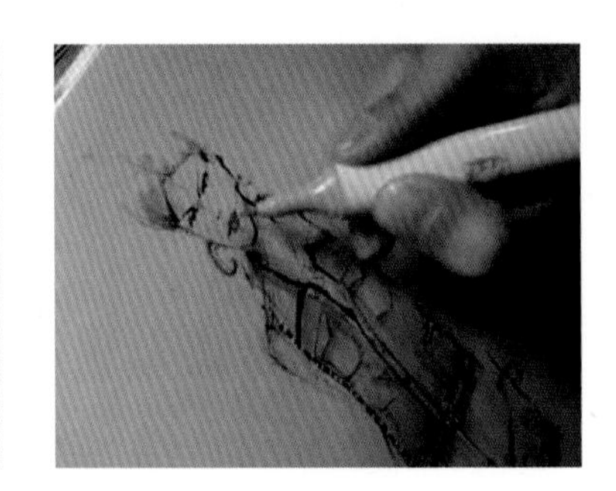

图 1–3–3 手握马克笔

二、绘画基础训练（线条练习）

线条练习虽然看似简单，但却是学习服装画入门时的必需训练。有时甚至一些有素描基础的同学，也会因执笔的改变而不习惯，导致运线不畅，不能快速转入线描稿状态。经过体验几十分钟的线条训练后，学员们就会有了流畅运线的手感，这对后面的学习会有事半功倍的效果。

（一）执笔要领

执笔要“指实掌空”，比写字时握笔要高且松一点。高位握笔可使画长线一气呵成。画长线时，手腕尽量离开桌面，手肘可在桌面上移动，相对抬头拔背，视线离桌面远一点，这样能较好地掌控整体画面。

（二）运线要领

用铅笔在纸面上滑行，指、腕、肘、臂放松，能使铅笔在画板上移动自如。练习绘画从长的横线、竖线、斜线到各角度渐变的直线、弧线、波线等，要求从上到下、从左到右的对称可控，运线韵速流畅，一直到可得心应手地随意涂绘各种线条。经过反复练习，达到使这样的执笔运线常态化。（图 1-3-4）

三、形比练习

在运线练习基础上画圆，先从大到小，然后到椭圆、鹅蛋形，之后再从正方形到长方形、三角形等，练习各种比例变化的线描，还可以拓展到立方体、锥体等的随手线描，努力达到能随手画出各种比例和形态的线描图形。通过课堂及课后的练习，能使运线时心到手必到，如同手上自备了绘线的多功能线尺。到位的基本训练，有利于在之后的服装画学习中快速进步。

图 1-3-4 各类运线训练

第二章 服装款式效果图

服装款式效果图是单纯表现服装款式的服装画，简称款式图。款式图的绘制是从设计稿到工艺制作流程中重要的图示环节。绘制款式图时要尽可能准确地表现所设计服装的外观造型，同时必须充分考虑人体尺度及伸展需求，还要与服装结构、工艺及面料的应用相符合。所以在学习画款式图时，可先对人体着装的尺度作一番测量和理解，这样就能知其所以然地准确表达。学习服装画技法不仅是学习一种应用美术，而且学习者也要兼具艺术家和技术师的特质，要训练造型与比例尺度互动联想的思维能力。

服装款式图的画法有多种，但原理一样。其中，对人体与服装比例的把握是关键。

第一节 人体与服装

本节中主要讲述人体的量体比例和各类款式图的关系，并作比较与分析。

一、人体着装尺度的测量

人体与服装尺度的测量是学习服装设计的必要环节。用软尺对人体与服装的相关部位进行测量，有利于建立对人体和服装之形与尺度关系联想的思维习惯。学员之间可互相测量，也可以在制衣模架上测量，然后作比较。（见图 2-1-1）

上衣的测量包括肩宽、衣长、袖长、领围、胸围、腰围、臀围、下摆。

裤装的测量包括腰围、臀围、裤脚围、裤长、裆深。

裙子及其他服装的测量包括腰围、裙长、裙摆等。

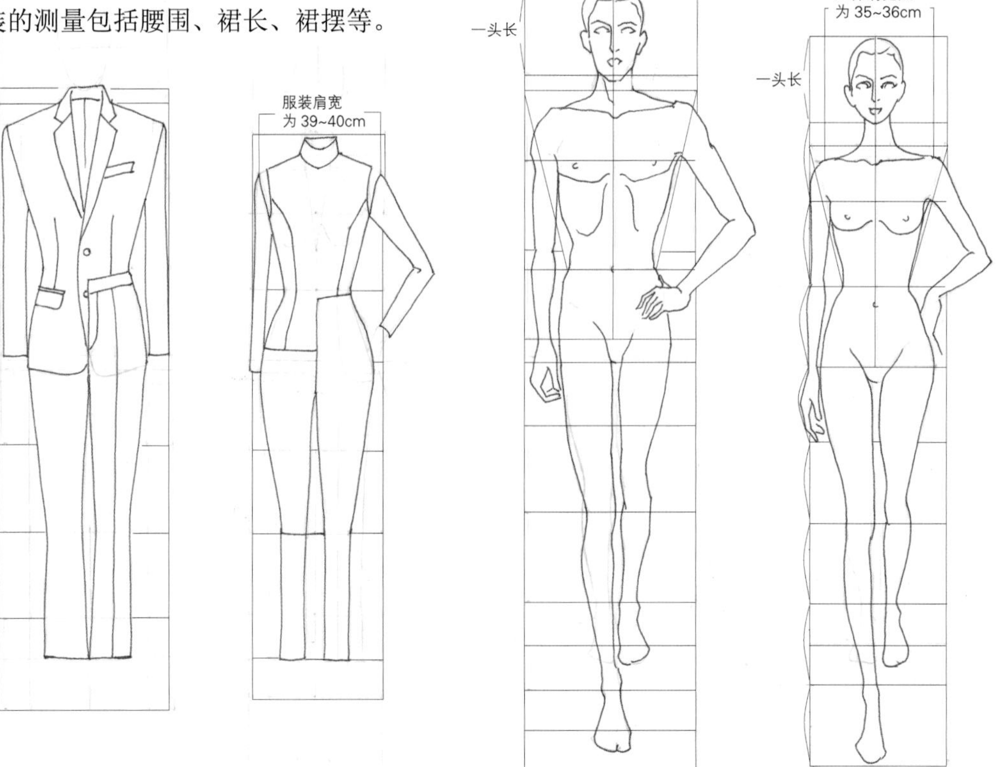

图 2-1-1 人体的量体比例及着装尺度的关系

二、测量尺寸与款式图画面的比较与分析

如果将所测量的尺寸标在服装照片或款式图上时，就会发现有些尺寸与服装款式图画面的外形无关，而与画面比例一致的主要是肩宽、衣长、袖长、裤长、裙长等。其中相对固定的是人体的肩宽，但服装的肩宽却不是固定不变的，如有正装类标准宽度，有窄肩、宽肩、落肩等服装造型变化。正装类标准服装肩宽要比人体的肩宽更宽些，一般在两个人体肩点外各加 2cm 左右。如一般身高（160 ～ 165cm）女性人体的肩宽为 35 ～ 36cm，那么服装的肩宽应是 39 ～ 40cm，与腰节长的比例为 1 ∶ 1 左右。为了易学好记，取近似数而归纳出了一般标准正装款式图画法的比例，然后参照这一比例基本模型的尺度来画款式图，或增或减各部位的尺寸，就可以迅速地绘制出各种造型变化且比例正确的款式图了。

样衣制板时可依照这个比例关系，然后根据所需尺寸推板就可以。这样能使款式图画面与制成的样衣的比例一致，避免样衣与设计稿脱形的问题出现，也为了避免忽视人体比例与规律的设计稿出现。通常针对夸张的画稿，需要理性地调整工艺单上的款式图，以便与制板师、样衣师达成共识。（见图 2-1-2 ～图 2-1-5）

图 2-1-2 样衣实际效果

图 2-1-3 设计手稿的美化处理

图 2-1-5 调整到恰当比例的款式图

图 2-1-4 拉长夸张的苗条之美的款式图

（思考一下：被拉长和没被拉长的服装款式图稿，与成衣时的比例有何区别？说明如何简单而准确地把握比例的重要性。）

第二节 各类款式图的画法及细部表现

本节学习款式图绘制的内容包括款式图的多种画法、平展图与款式效果图的区别及画法、款式图的细部说明、款式速写和服装照片翻稿训练。

一、款式图的画法

款式图近似服装挂在模架上和穿在人体上时的效果的完整款式图形。款式图的每个细节都必需能明确标示，这样才易被制板师和工艺制作师清晰地理解。款式图在服装的设计生产中应用率很高。

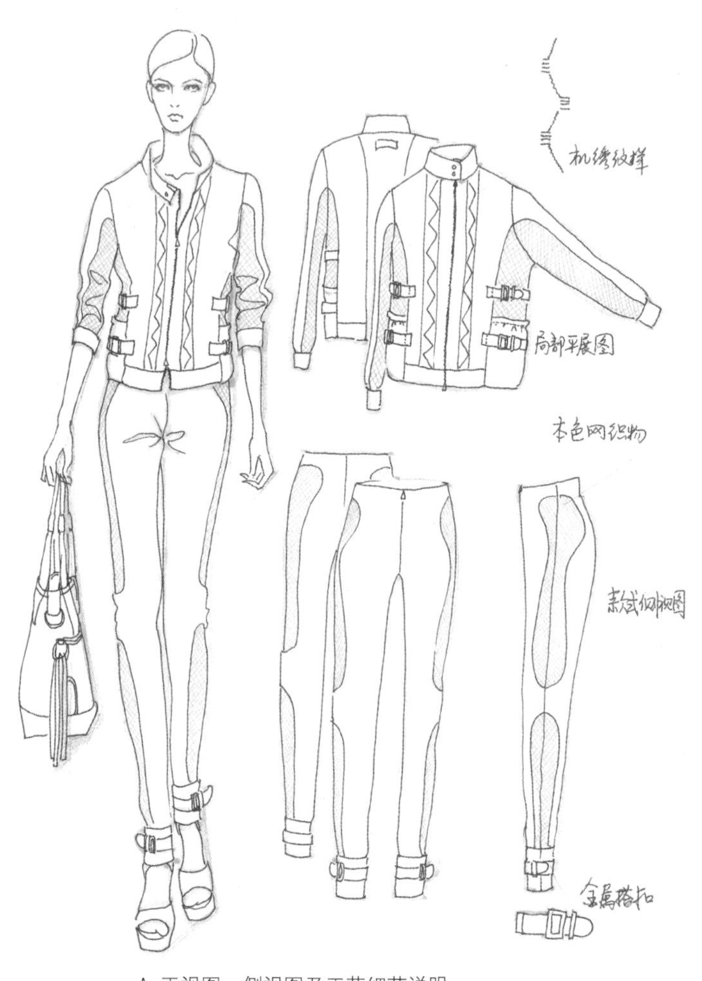

A. 正视图、侧视图及工艺细节说明

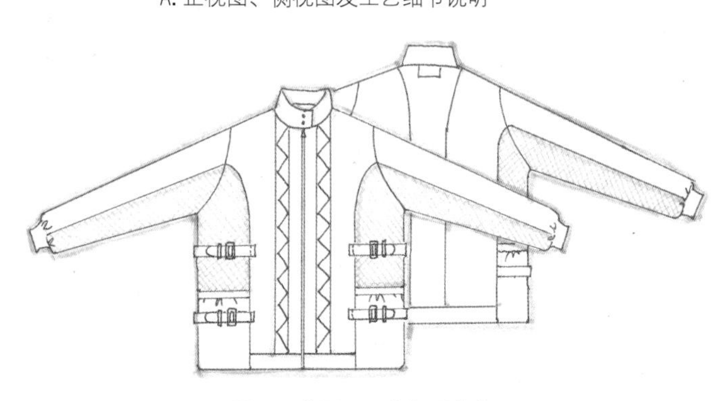

B. 平展正、背面视图能标明结构

图 2-2-1 设计稿中的款式图

款式图通常有正视图和背视图，能清楚地表现成衣的比例及结构。有些服装在侧身部位有特别的设计，因此有时也需要用到侧视图，以标明侧面服装的结构和工艺细节等。一般正、背面款式图加着装效果图是设计稿的标配。（见图 2-2-1）

画款式图的方法有多种，但都应从整体到局部。下面介绍一下常用的一些画法。

（一）女上装款式图画法

1. 框架比例法

框架比例法是初学者入门的一种学习方法，也是接近人体着装视觉比例的画法（图 2-2-2）。

第一步：若以肩为一，则一般女正装的衣长约为肩宽的 1.5 倍，其变化可通过目测不同款式的差异来把握比例。没有基础的学员可以先画一个 4cm×6cm 的长方形框架，其大小相当于实际的合体装外形通常尺度的 1/10。

第二步：画长方形框架的中轴垂线，然后在自上而下的 4cm 处画横向腰围基准线，在此线上两头由外向内各取 1/3 点为收腰位（紧腰服装可取 1/2 点），再把两点分别连接四个角，形成 X 廓型。

第三步：在长方形框架的上平线上居中取其 1/3 即衣领宽位置，两边根据服装廓型来画肩斜线和衣领等。

第四步：根据衣领、衣袖及局部变化，

图 2-2-2 框架比例法的 6 个步骤

将服装的零部件在此比例框架上添加上去。

第五步：把衣领、衣袖、门襟、下摆、口袋、分割线等结构表达清楚。

第六步：将服装线条修改流畅、完整，再用 0.7mm 的水笔钩画服装外轮廓形，用 0.5mm 和 0.2mm 的水笔分别钩画服装的结构线和细部。

2. 人体模板套衣法

人体模板套衣法是较简便的一种画法，就像在人体照片上画衣服，画完后再把人体的线条删除即可。手绘时可先绘制一个 1 ∶ 10 的人体模板，然后在此模板影形上画服装。（见图 2-2-3 ）

图 2-2-3 人体模板套衣法

第一步：先以人体测量或在比例法中得到的尺度画出人体模型图。（图 2-2-3 中 A）

第二步：然后根据所给服装与人体的关系以及长短、松紧等变化，在人体模型图上画出服装的轮廓，再画上服装的衣领、衣袖、门禁、下摆、口袋、分割线等。（图 2-2-3 中 B）

第三步：最后勾轮廓、画缝迹线等。勾线时还要仔细思考轮廓线的不同及其与塑造人物的体型和年龄特征的关系。（图 2-2-3 中 C1 ～ C4 分别表现了丰满熟女与苗条少女不同廓形的特征。这也是不同品牌板型要点之一）

3. 衣架挂衣法

衣架挂衣法类似根据在衣架上挂着的衣服效果来画服装款式。同样以肩宽为一作为比较，可以画 1∶1.5、1∶1.8 或 1∶1 等不同比例的服装款式。衣架挂衣法需在有一定绘画基础的条件下进行，它可以提高绘制速度。（见图 2-2-4）

第一步：先画一条横向弧线及其中垂线，然后在弧线上对称取肩宽，在垂线上取衣长（与服装肩宽相比的大小）。如果是男装，那么肩部要平宽一些，弧线也相对平展些。

第二步：根据服装腰节高低和收腰的松紧，画出相应的腰形和服装的廓形。

第三步：参照比例，画上衣领、衣袖、门襟下摆、口袋和分割线等。

第四步：用不同粗细的水笔勾勒外轮廓和结构线，直至款式图完成。

图 2-2-4 衣架挂衣法

综上所述，无论以哪一种方法来画服装款式，都要以比例准确为首要条件。从框架比例法入门，有利于初学者建立人体与服装的关系概念，人体套衣法能够解决设计结构复杂的款式表现，衣架挂衣法可以快速表达创意和记录所见新款。

（二）男上装款式图画法

因为男生的体形特征是肩宽臀窄，所以正装的造型一般是上大下小，其肩宽大约 45 ～ 50cm。男西装一般要求衣长至臀沟，其宽与长的比例一般为 1∶1.6 左右。男上装可以用框架比例法来画，也可以用人体模板套衣法或衣架挂衣法画，其步骤与女装的相同。画男西装时廓型线条要硬朗些。特别要注意的是，画服装门襟时要知道一般为男左（女右）门襟在外面（画面是镜像的）。（图 2-2-5）

图 2-2-5 男西装的画法示意

（三）裤装款式图画法

在人体测量中可以看到，正面标准女性人体的臀宽（不是臀围）近似肩点宽。裤长约为臀宽的 3 倍（如果臀宽是 35cm，那么裤长为 105cm 左右）。裤形流畅、圆润。男裤略长，裤型直挺些。（见图 2-2-6）

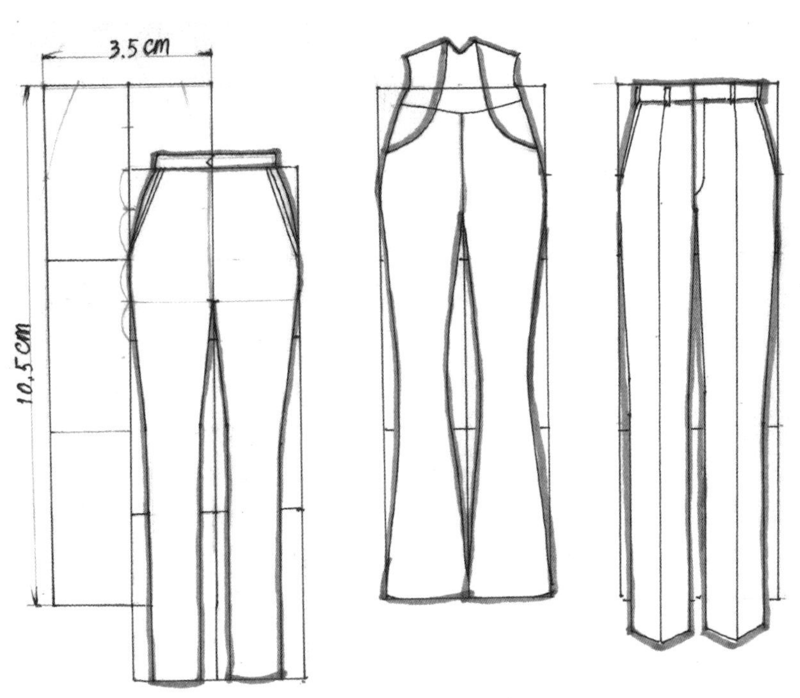

图 2-2-6 裤装的画法

第一步：画一个 3.5cm×10.5cm 的长方形（似由三个正方形竖直排列而成），然后画其中轴线。

第二步：在第一个正方形的两条竖直边 1/2 处，向上开始分别向内收到腰围线。中轴线上的 3/4 处为裆底。接着画裤腿。两边向下轮廓线略内收，到膝盖上方（近第二个正方形的上下中线），再根据裤形画出裤腿的轮廓。

第三步：参照比例，画上裤腰、门襟、口袋、省裥、挺缝线等。

第四步：把裤形线修改流畅，再用水笔粗线勾画轮廓、细线刻画细部，直到款式图完成。

（四）裙装款式图画法

长、中、短及不同形态的裙子款式画法，可以在裤子款式画法的基础上作相应的变化而完成。注意，膝盖高点的位置一般在第二个正方形的下半部位。

第一步：在与裤装同样比例的框架上画出各类裙子的造型轮廓。

第二步：绘出与造型相应的结构线及下摆等细节。

第三步：用水笔粗线勾画轮廓、细线刻画细部，直到款式图完成。

连衣裙款式画法则可以用上衣和裤装的同样比例的框架，在腰部连接形成的框架模型上变化。紧身造型的连衣裙款式要把握好胸部的位置，约在第一个方形上下方向中间的 1/3 区间。图 2-2-7 为平面人体比例模板。掌握了人体比例，学会画人体基础模板，然后各种礼服、旗袍等都可以在此基础模板上进行绘制（见图 2-2-8）。

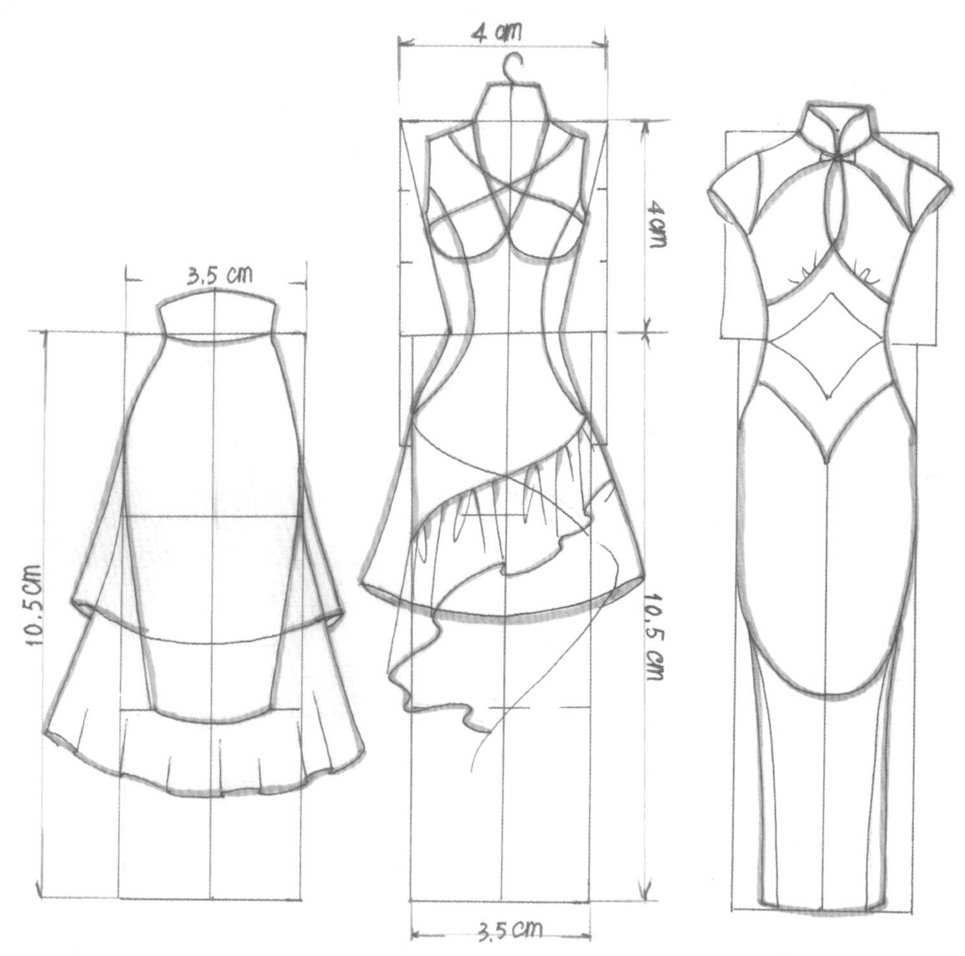

图 2-2-7 平面人体比例模板

图 2-2-8 各类裙装款式图绘制实例

（五）服装背面和侧面款式图画法

服装款式背面的画法与正面的相同。在正、背面款式图同时出现时，若服装背面结构是对称的，则可以采用将局部重叠在正视图下而省略一半的画法。

侧面款式图的纵向比例与正、背面款式图相同，横向长约为正面的 2/3 宽，有造型变化的可参照比例变化。（图 2-2-9）

不同风格的服装，其侧面造型各异。领形、袖形、摆形、裤形等的侧面造型变化是近几年来服装设计变化的亮点，值得学习者去研究和表现。（图 2-2-10 ）

图 2-2-9 服装正、背、侧面款式图

图 2-2-10 服装侧面造型变化

二、平展图的画法

服装款式平展图，顾名思义就是当服装平整铺展在平面上显现的图形，其比例接近制板图。在铺展开的图形中能使每一个工艺细节与整体服装衣身的关系更清晰，如口袋与衣身侧缝之间的距离与角度更明确。平展图比款式效果图外形显宽。同一款服装的平展图和款式效果图画法的比较如图 2-2-11 所示。

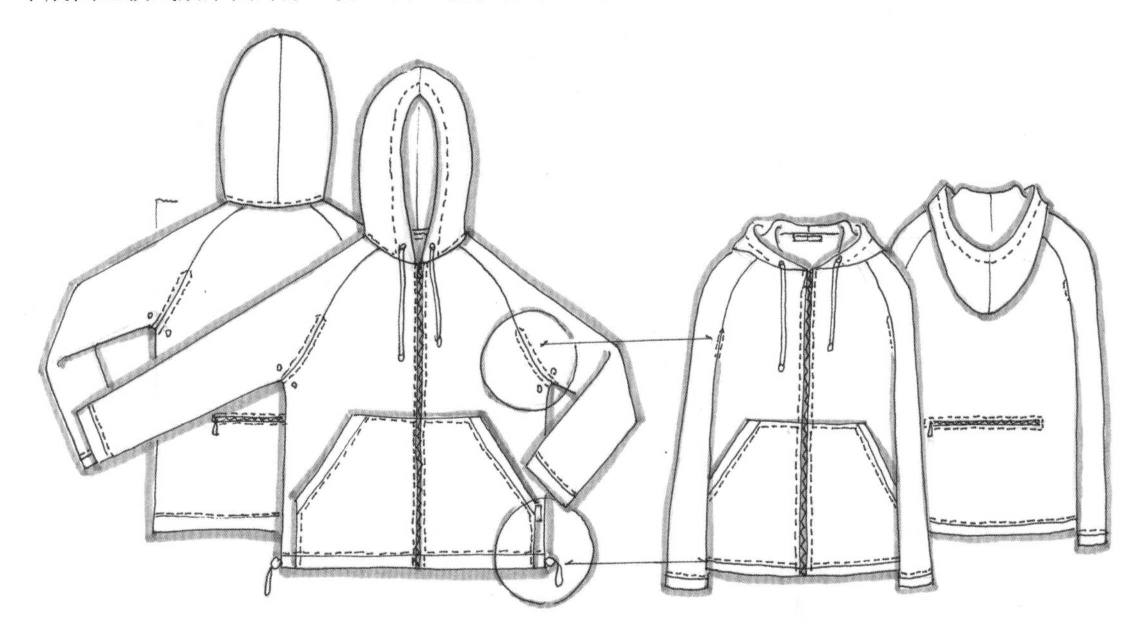

图 2-2-11 平展图比款式效果图能更好地表现细节部分

款式平展图在服装的外发加工单中经常使用。在设计运动休闲装和针织装时也经常使用款式平展图来标明工艺细节的设置。

三、款式细部的表现

在绘制款式效果图和平展图时，要能兼顾大部分新款设计的具体比例和结构的表达。有时在设计中会有一些以细部设计为亮点的款式，需要在款式图上附加绘制一些细部说明图，或用以说明设计的可行性，亦或表达所采用的面料特色及工艺加工的亮点，如收边与收头、缝迹与刺绣、抽皱与花边、飘带与绳结等的图示，还有口袋的特别开法和拉链的装法等。这里提供一部分图形供参考。平时学习者要注意搜集并熟练这些结构的表达方法。（图 2-2-12、图 2-2-13）

图 2-2-12 款式细部的表现

总之，服装款式图的绘制方法很多，因不同用途可采用不同的表达法，细节表达也是灵活多变的。学习者可以根据不同基础条件选择不同画法，或根据服装与人体关系的原理自创画法。但万变不离其宗的是要求外形比例准确，细部结构到位，整体美观明晰。

接下来的大量练习，可以选用收集的资料，根据不同服装款式廓型和比例以及不同结构和细部变化展开，力求熟练观察服装廓形，比例准确地表达整体与细部，同时思考衣片结构的可行性（这也是作业要求和评分标准）。

作业：

进行翻稿练习：

1. 选择男女正装的照片，根据服装与人体的关系绘成款式图。

2. 选择男女休闲装的照片，分析比例

图 2-2-13 款式细部的表现

特征绘制正背款式图（背面需联想）。

3. 择男女运动装的照片作为参照，分别画出正、背面款式图及平展图。

款式速写：

根据视频服装走秀资料，快速记忆款式廓型比例，再记忆衣领、衣袖等细部，记住背部结构，然后速写 10 款时装，最后绘出正、背面款式图。完成从速写到可行性分析及细部表达。

第三节 服装设计工艺单的绘制

工艺单是服装企业中新款服装诞生的重要技术文件，也是设计师须知的内容之一。当服装设计稿通过审稿后，须将款式图绘制在打样单上，随流程进入样衣的确样，造价核定和小批量生产。新款服装从样衣开始，每个环节都有相应的工艺单，其中每一个环节工艺单上都需要附有款式图。

通过这一章节的学习，主要是让学生掌握打样单的绘制，同时了解从设计到生产过程中的环节要点。使学生能更理性地绘制设计稿，也为需要从事设计管理的学员提供部分参考。

服装工艺单的样式各异，有打样单，确样单，造价单，生产单等。在不同企业里格式也不尽相同。

1. 打样单

服装款式设计效果经审定后，要开始样衣的制造，需要作一份设计工艺单，在企业里叫打样单。在打样单上要绘制正背款式图以外，还需要简单标明款类款号及标体尺码，款式工艺说明和面料及辅料的说明等。最后还要留一排填写制单人和各流程的责任人，比如设计师制板师，样衣师，审核人等，以便在打样流程中及时沟通。（见表 2-3-1 ）

2. 确样工艺单

样衣经过试制、修改、被确定后，就要制作一份确样工艺单。除了要有打样单上的内容，还要增加推档的尺码标值，确定详细的工艺说明，以及小批量样衣的换色面料与辅料色号等。工艺说明的内容更加详细，包括从排料裁剪、缝迹到整烫，每一道工序的注意点及标准。这些都是为了能保证小批量样衣的质量到位，供订货会上客户选择。（见表 2-3-2）

3. 工艺造价单

在确样工艺单的基础上，再增加每一部分所用的材料，人工的细分核算，这样可以确定订货会上这款服装的报价。有时会需要细部表达的画面。造价单也可以附在确样工艺单的后面。（见表 2-3-3）

4. 生产工艺单

如果我们所设计的新款服装有了定货，需要批量生产了，就要将工艺单进一步完整成生产单。增加生产环节中的注意要点，如面辅料的质和量以及成品包装货期等，以保证在外发批量生产中可以据此进行质量管控，使批量的产品达到样衣的标准。生产单往往被用作加工合同的附件。因此除了工艺说明更加严谨，对面辅料的质和量的标示也更加明晰了。表中责任人也变更为甲、乙方的代表。（见表 2-3-4）

表 2-3-1 打样单

<table>
<tr><td colspan="6">（新款）打样单</td></tr>
<tr><td>公司名称</td><td colspan="2"></td><td>新款编码</td><td colspan="2"></td></tr>
<tr><td>品牌名称</td><td colspan="2"></td><td>款类名称</td><td colspan="2"></td></tr>
<tr><td>时间要求</td><td colspan="2"></td><td>设计亮点</td><td colspan="2"></td></tr>
<tr><td colspan="2">规格</td><td colspan="4" rowspan="21">可脱卸袖窿处用柔性拉链
柔弹性收袖口</td></tr>
<tr><td>衣长</td><td></td></tr>
<tr><td>肩宽</td><td></td></tr>
<tr><td>胸围</td><td></td></tr>
<tr><td>腰围</td><td></td></tr>
<tr><td>下摆</td><td></td></tr>
<tr><td>袖长</td><td></td></tr>
<tr><td>袖口</td><td></td></tr>
<tr><td>领围</td><td></td></tr>
<tr><td>领深</td><td></td></tr>
<tr><td>领高</td><td></td></tr>
<tr><td>裙长</td><td></td></tr>
<tr><td>裤长</td><td></td></tr>
<tr><td>直裆</td><td></td></tr>
<tr><td>脚口</td><td></td></tr>
<tr><td>…</td><td></td></tr>
<tr><td colspan="2">价格定位</td></tr>
<tr><td>成本</td><td></td></tr>
<tr><td>出厂</td><td></td></tr>
<tr><td>市场</td><td></td></tr>
<tr><td>…</td><td></td></tr>
<tr><td colspan="3">材料</td><td colspan="3">备注</td></tr>
<tr><td>面料</td><td></td><td rowspan="3">样布</td><td colspan="3" rowspan="3"></td></tr>
<tr><td>里料</td><td></td></tr>
<tr><td>配色</td><td></td></tr>
<tr><td>辅料</td><td colspan="5"></td></tr>
<tr><td>设计师：</td><td>样板师：</td><td colspan="2">样衣师：</td><td>企划：</td><td>审核：</td></tr>
<tr><td>制单人：</td><td>制单时间</td><td colspan="4">XXXX年XX月XX日 XX：XX</td></tr>
</table>

表 2-3-2 工艺单

（确样）工艺单

公司名称		款式编号	
品牌名称		款类名称	
出款时间		出款数量	
单件工时		款式要点	

规格	S	M	L	XL		公差
衣长（留中）						
肩宽						
胸围						
下摆						
袖长						
袖口						
领围						
领深						
领高						
裙长						
裤长						
直裆						
脚口						
…						
配色						
A						
B						
C						
面料						
里料						

可脱卸毛领

双止扣线

日字铜环内径2cm

双唇线
内装拉链

中空棉内胆

辅料	
拉链	
纽扣	
贴衬	

工艺要点及要求：
1. 裁减
2. 缝制
3. 整烫

设计师：	样板师：	样衣师：	企划：	审核：
制单人：	制单时间	XXXX年XX月XX日 XX：XX		

表 2-3-3 造价单

造价单			
公司名称		编号	
品牌名称		款类	
数　　量		款名	

规格	S	M	L	XL	
衣长					
胸围					
下摆					
肩宽					
袖长					
袖口					
领围					
裤长					
腰围					
臀围					
…					

面料						辅料				工价		其他	
序号	面料名称	幅宽	单耗	单价	金额	序号	名称	用量	金额	名称	金额	名称	金额
1						1							
2						2							
3						3							
4						4							
5						5							
6						6							
7						7							
8						8						小计：	
9						9						合计：	
10						10							
11						11							
辅料工艺						12							
序号						13							
1						14							
2						小计：				小计：			

制单人：		制单日期	XXXX年XX月XX日	
封样：	算料：	采购：	工价：	复核：

表 2-3-4 生产单

生产单			
甲方（下单公司）		乙方（生产单位）	
品牌名称		编号	
品　　名		工价	
数量（件）		货期	

规格	S	M	L	XL		公差
衣长（留中）						
胸围						
下摆						
肩宽						
袖长						
袖口						
领围						
领深						
领高						
带长						
…						

配色						
A						
B						
C						

项目	品质	数量
面料		
里料		
…		
辅料		
拉链	品质	数量
纽扣		
贴衬		
其他	附单	

工艺要点及要求：
1. 裁减
2. 缝制
3. 整烫
4. 标牌
5. 检验
6. 包装

制单人：	日期：	甲方质管：
		乙方质管：

虽然每个企业对技术管理的流程及要求不尽相同，但是图文并貌的设计文件总是样衣诞生的基础。作为设计师，最起码要能把打样单绘制好，以保证在设计之初已完整地考虑到样衣的可行性和品质感。

目前大部分企业都用电脑来制作工艺单，其便于部门间的沟通、生产环节的管理，也易于存档（用 EXCEL 制表，用 AI 等制图）

工艺单要点的学习，对研发设计生产自动化流程及服装设计生产现代化管理都有帮助。

单元大作业：

根据所给的服装照片或设计稿资料，制作一份打样工艺单。要求有正、背面款式图，并附细部说明。当照片资料没有背视图或不够详尽时，需要通过对款式进行分析与理解后再表现。（可参考图 2-3-1）

图 2-3-1 照片资料

第三章 人体及着装效果图

人体着装效果图是能反映服装设计意图的完整效果画面。设计师想要设计什么样的服装，以及所设计的服装适合什么样的人穿和怎么穿着搭配等，都可以通过着装效果图表现出来。

服装是人物形象设计的主要部分，对人物形象的研究和人物肢体语言的解读，是学习的重要内容。这里先从学习人的头部和手脚的画法开始，然后学习人的整体比例和动态规律，此外还要了解常见的一些特殊人体形态变化的规律和着装的效果等。打好这些基础后，就能更好地学习企业常用设计手稿绘制了。

第一节 人体局部的表现

一、头面部的画法

学习人的头部形态和比例，可以从基础练习时所画的椭圆形起步。

1. 正面人脸的画法

先画一个上大下小、高宽比约 5 ∶ 3 的鹅蛋形作为头形，在上下 1/2 处横画一条水平线（眼部），眼线两侧向下画耳朵（大小约 1/4 头长）。然后顺着耳根内收并向下画脖颈线，之后加上五官及发型等即可。男性人脸轮廓略显长而方，脖颈显粗直些。（见图 3-1-1 中 A）

2. 3/4 侧面人脸的画法

在画 3/4 侧面头部的轮廓时，可以在鹅蛋形中偏左（或右）边 3/4 处加一条脸部表面中线，此线上弧下直。在反方向加 1/6 头宽的后脑弧线，眼部水平线不变。脖颈线斜向面部所对反向的后方，耳朵在原来的位置，略宽，另一侧耳朵不画。（见图 3-1-1 中 B）

3. 正侧面人脸的画法

画正侧面头部时，可以在鹅蛋形的一侧加 1/3 头宽的弧线为后脑形，耳朵位移到鹅蛋形内且靠近弧线的位置，并加宽到约 1/3 头宽。脸部表面中线与侧面轮廓线重叠，下巴略尖，鼻形突出。鼻唇线阶梯地向里收（侧脸线要反复练习），脖颈线要从耳根水平位就开始弯曲向后斜。（见图 3-1-1 中 C）

A. 正面人脸　　B. 3/4 侧面人脸　　C. 正侧面人脸

图 3-1-1 人脸的画法

4. 抬头、低头时人脸的画法

当正面抬头时，眼睛水平线呈上弧线，发际、鼻、嘴和下巴位都上移，脸显短而圆；当正面低头时，眼水平线向下弯曲，发际线、鼻、嘴、下巴位都下移，脸显长而尖。当 3/4 侧面抬头和低头时，眼睛水平线以鹅蛋形和脸部中线为准相对应地向上或向下弯曲。当正侧面抬头和低头时，脸部不变，只是脖颈与头的角度有所变化。具体画法见图 3-1-2。

正面抬头、低头　　3/4 侧面抬头、低头　　正侧面抬头、低头

图 3-1-2 人脸的画法

二、五官的画法

在服装效果图中，以人的肢体形态为重点，面部形态可作形象设计时的参考（速成学习者可以忽略）。实际上，在服装效果图上时常用省略画法表现五官，如一抹蓝线替代眼镜，一点暖色象征口红，这些也能表现时尚人物的神态。具体画法见图 3-1-3。

1. 眼睛的画法

眼睛位于脸部中间横线处，女性眼睛可以画在横线下，男性眼睛可画在横线以上。两眼间距约一眼宽，距两耳各一眼宽（三亭五眼）。眼形随人种和个体的不同而异，整体呈橄榄形。常态时上眼睑线因背光显深，下眼睑因受光显淡。眼黑圆体的 1/3 部分被上眼睑遮盖。

睫毛弯曲显媚，上翘显萌。双眼皮内合外开显东方人型特点，外合内开显欧美型特点。微笑时下眼睑上抬形成“笑肌”，眼眯成双曲线形。抬头时眼角向下，低头时眼角向上弯曲。侧面时只画半个眼，呈三角形。在形象设计时眼睛是神态表现的重点，在服装画中常用省略画法，用弧线代之或用墨镜盖之。

2. 眉毛的画法

眉毛能表现人的个性和神态：上扬则得意，下垂则忧愁，浓眉则神气，细淡则柔弱。画眉要配合眼形，体现人物整体风格。

3. 鼻子的画法

鼻子在脸部突起呈半梯形，侧面时轮廓明显。不同人种的鼻形各异：北欧型人的鼻梁骨突起，鼻尖下垂；南非型人种鼻型圆大且上翘；亚洲型人种大都兼于两种之间。鼻子与脸部肤色一致，在服装画中时常被弱写，通常略点鼻底即可。侧脸时鼻形线必须表现出来。

4. 嘴的画法

在服装画中嘴常作为点缀之笔，其色彩可与服装相呼应，其形也可画得夸张显著。女性化的嘴形曲线丰满，上唇如山峦起伏，唇中线如水波荡漾，下唇如一叶小舟，嘴角上翘呈微笑感。男性化的嘴形则呈直线型，唇形扁宽。省略画时作唇中曲线和下唇线即可。

5. 耳朵的画法

耳朵在人脸的两侧，与肤色相同，常在服装画中被轻描淡写。侧脸时耳形完整如“问号”般形状，当人脸转向正面时耳形渐渐变窄。

图 3-1-3 五官的画法

三、发型的画法

发型是服装造型的重要组成部分，其形态往往与服装的风格相呼应。传统的发型有短发和长发、束发、卷发和直发等变化，要掌握其规律，可以分组表现（见图 3-1-4）。另外，带帽子的发型、摩登发型以及不同性别、年龄的发型的画法也各有特点（图 3-1-5）。

1. 传统的发型

从短发到长发，外轮廓形的变化是有规律的。画超短发时发型向两边散开，越长越贴近头部，至耳部松开后再向内收。束发会随起束点产生变化。

短的卷发更易向上隆起，在耳朵上方收紧，略长时可形成两波曲线，更长时出现三波以上，外形与直发相似。

2. 带帽饰的发型

帽饰要与服装和人物的风格一致，要与头部的结构相吻合，似斜绕在头围上。帽饰的外形和立体感的表现同样重要。

图 3–1–4 各类发型的分组画法

图 3–1–5 发型与帽饰

3. 男子、女子、孩童的发型的画法特点

男女老少的发型都会随着时代的发展而变化，对此学习者可时常留意并记录，之后可将其用于配合各种风格的头饰及服装设计。无论发型的曲直或长短，对其都可进行分组描绘，且要注意把握外轮廓形和发际的关系。（见图 3-1-6）

图 3-1-6 不同人的各类发型的分组画法

4. 夸张造型的摩登发型

头发长短和曲直的不对称及突变，会形成强烈的对比。夸张的蓬松或直板造型都是时尚的表现。（见图 3-1-7、图 3-1-8）

图 3-1-7 动感夸张的发型

图 3-1-8 发型的夸张造型画法

5. 发型的速成画法

实用的速成学习：可选择两三款不同风格的常用发型，研究、分析其变化规律，多加练习，然后便可随意、自如地画出许多搭配服装的发型。（见图 3-1-9）

图 3-1-9 常用发型速写

四、手的画法

手是表现人类肢体语言的一部分，是画好服装画的必备环节。手的整体大小约为人头的3/4。俗话说“画人难画手”，因为手的结构复杂，从正、背及侧面看上去手的比例都不同。从手正掌面看，掌长指短，比例为掌四指三；从手背面看，掌指一样长；从手侧面看，手的骨骼比例为掌三指四。第一指节骨的长度约为末梢两指节相加，而从手的掌面看三个指节长度接近。同时，手的骨节多，每个骨节动作都能形成变化，再加上正背旋转，可呈千姿百态，难以画尽。因此，要归纳出手的活动规律，以服装画中常用的姿态而锁定几种手的画法即可。

人的习惯是手心向着自身。服装画中手的形态多以侧面或背面出现，因此可以先来研究手的侧面和背面。一般手指活动时，先动第一和第二指节，第三指节只有在握紧时才内曲。通常以手指末端的柔而翘来描绘年轻貌美的纤细巧手，因此第二、第三指节常不表现弯曲而连着一起画。因侧面掌三指四的比例，可以将手的掌指分解成三、二、二的比例来画其动态。掌握了手的活动规律后，画手就不难了。根据侧面和背面两只手的基本形态，可以变化出许多服装画中常用手的画法。（见图 3-1-10）

手臂的画法比较简单，上臂从肩到腰，约为一个半头的长，手肘外侧比较骨感，下手臂约一头长，上粗下细，尺骨侧在曲臂时鼓起，近手腕处显扁平。手腕是肢体语言的表现重点之一。手的无名指常与中指或小指联动，可以用分组省略画法。手的腕指骨关节有了动感就能丰富人的肢体语言。（图 3-1-11）

图 3-1-10 手的变化规律

图 3-1-11 手臂的画法

五、腿与脚的画法

1. 脚的画法

脚在服装画中常以穿鞋子形态表现的。只有当夏装中穿凉鞋时，脚才会显露出来。脚的背、指、掌、跟很少活动。脚形态近似梯形体，整长约为一头。观察角度不同，脚的比例和形态会有不同。

画正侧面脚时，可将其归纳为长梯形的脚背和三角形的脚趾组合；画侧面时，在此基础上加上后跟，同时脚背中线和三角尖向脚侧的方向偏移。注意脚内外侧的区别：内侧梯形斜边线向内曲凹，外侧饱满。画比较复杂的鞋时，可以先画一个脚样梯形体，再加上鞋的各结构部分。画时要注意比例、透视等因素。画背面和侧背面的脚时，可先画后跟，将后跟归纳为橄榄形，然后再补充可见的脚掌与脚趾部分即可。（见图 3-1-12）

2. 腿的画法

腿的画法很重要，要理解肌肉和关节的关系，以及腿表中线、膝盖和脚背中线的关系。膝盖和脚踝的方向角度变化也是重要的肢体语言。在服装画中，常把腿的比例拉大来画，比如一般大腿为两个头长，小腿拉长到两头长，再加上把脚夸张成近一头长，共约五个头的长度。另外，腿部的肌肉群的表现也需要反复练习和体会。（见图 3-1-13）

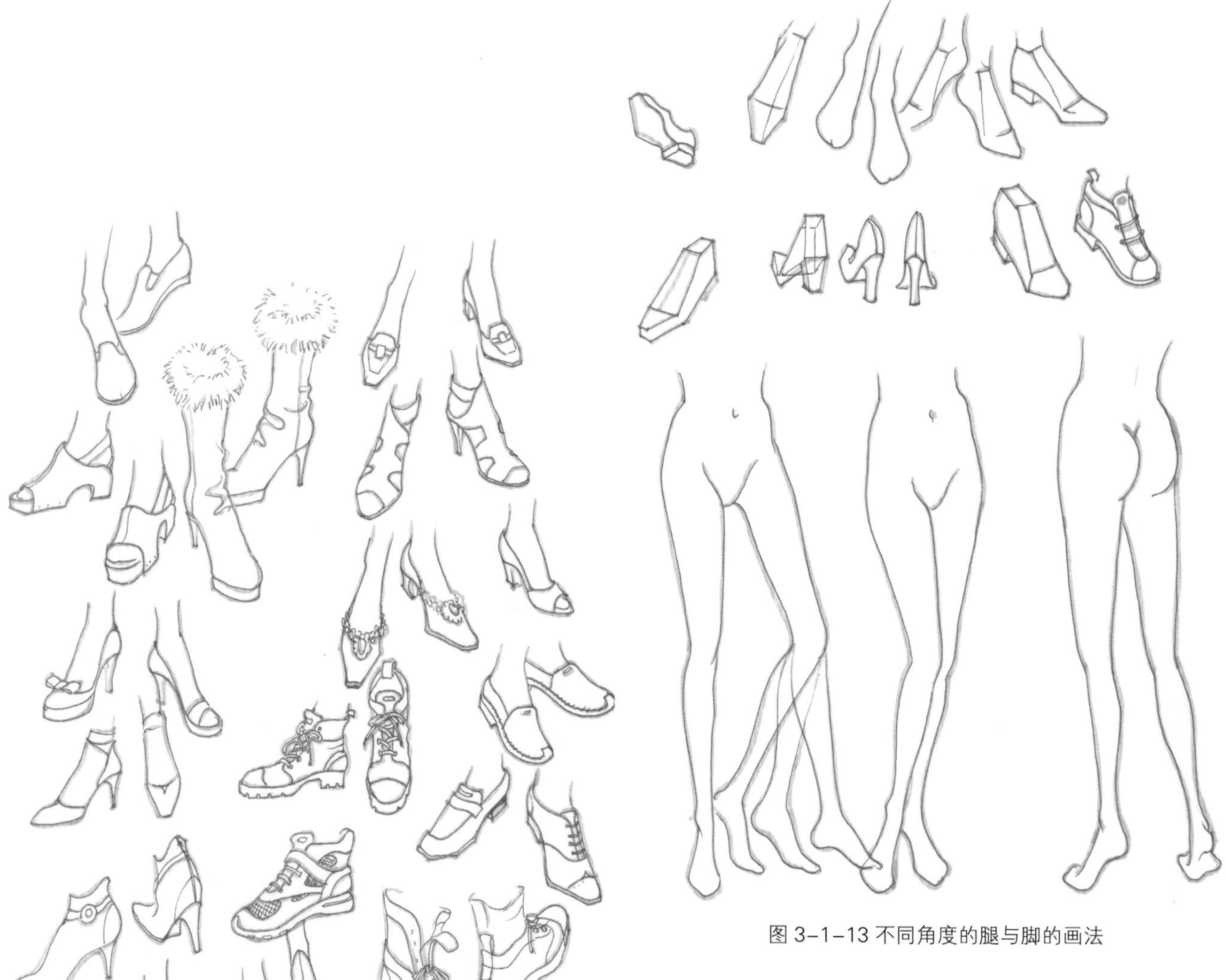

图 3-1-13 不同角度的腿与脚的画法

图 3-1-12 鞋子与脚的画法

第二节 人体比例及动态规律

本节学习人体的比例，人体的正、侧面及背面的画法以及人体动态变化的规律和画法。

一、人体的比例

在服装画中，人体比例常以头的长和宽为标尺。因人种和年龄的不同，体形比例是有差别的。一般正常身高比例常在七到八个头长左右，肩宽约为两个头宽（男子肩宽可达两头半宽）。在服装画中常采用理想比例（近九头长）的身高来画。也就是将腿拉长一个头长，把女性的脚踝、手腕、手指、脖子画得细长，使人体模特儿显得苗条。男性比例与上述相同，单元头的比例略大，肩部加宽，肌肉轮廓线画得硬一点，关节与肢体末端略粗。（图 3-2-1）

在画人体的 3/4 侧面时，体宽比例参照正面人体，体表中线移向人体一侧，作相对对称的绘制，同时表现出人体局部侧面的厚度。

当画正侧面的人体时，人体宽度的比例在一头长和一头宽之间，整个身体的体块形成曲线状，左右相对平衡。（见图 3-2-2）

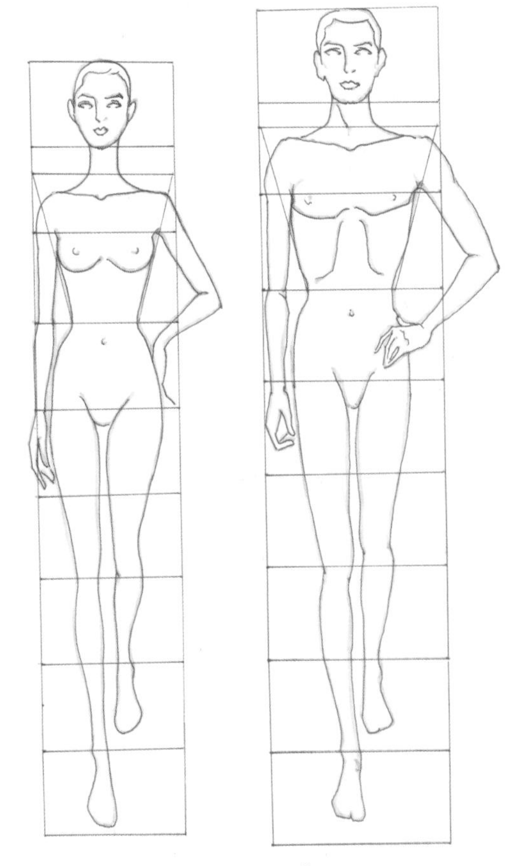

图 3-2-1 正面人体

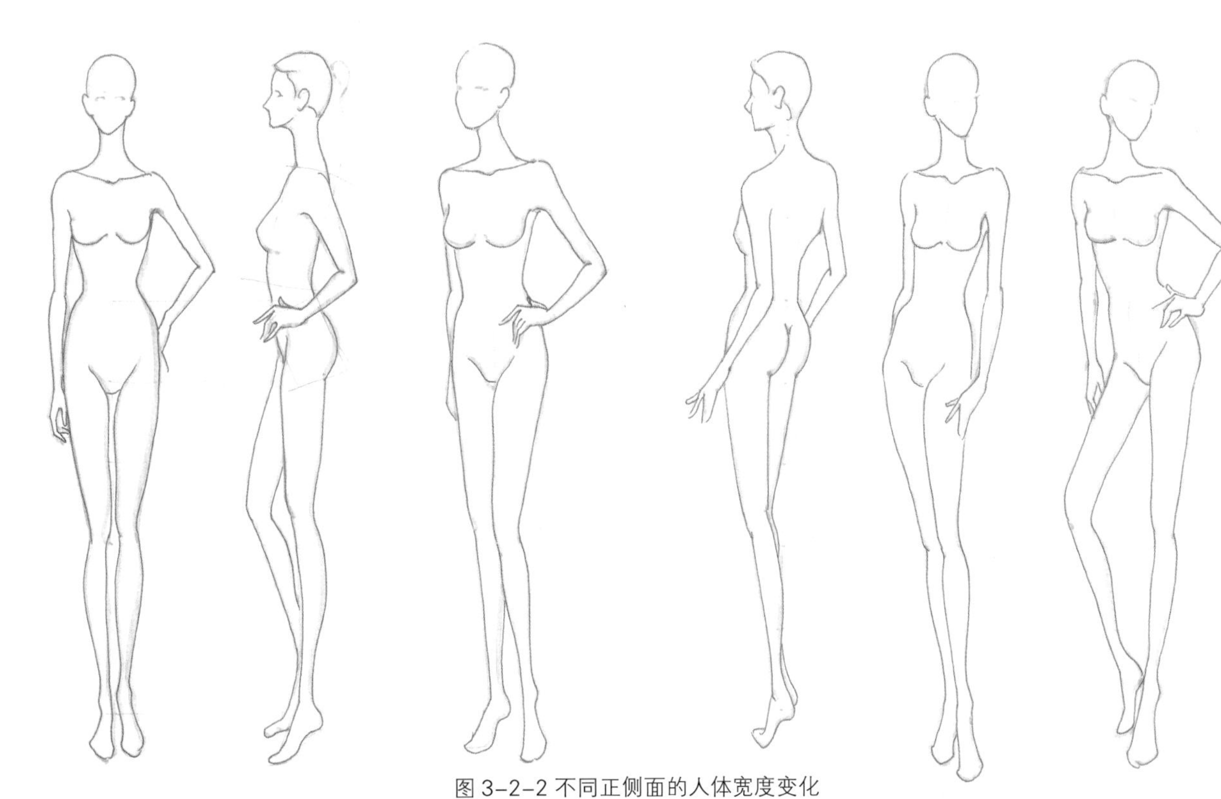

图 3-2-2 不同正侧面的人体宽度变化

二、人体动态规律

一般在服装画中人体动态是相对平衡的，无论走秀还是摆姿势，都以表现服装特点和风格为目的。人体姿态变化是表达服装的肢体语言。无论正侧或是侧背面，都以胸腰臀的变化为主。体块的扭曲度和重心的变化有一定的规律。当骨盆移向人体右边时右腿便是重心腿；反之则是左腿。腰椎以下人体的重心在两腿之间或某只脚上（图 3-2-3）。当人体的重心在两腿之间时，骨盆可偏向任何一边（左或右）（图 3-2-4）。

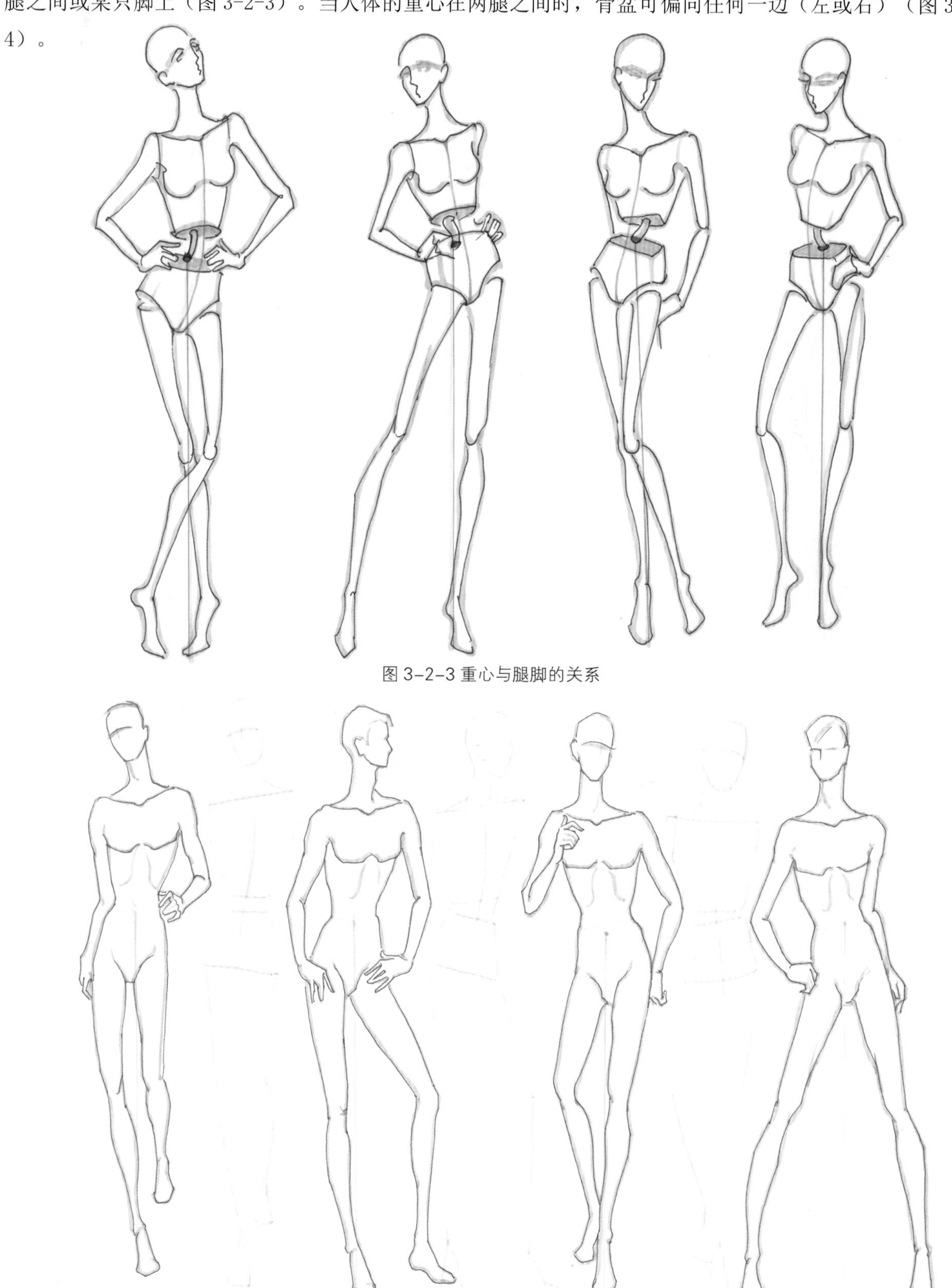

图 3-2-3 重心与腿脚的关系

图 3-2-4 重心在两腿之间

当人体骨盆充分右移时，右腿为重心腿，腰椎的中垂线落到右脚上；当骨盆向左移时重心则落到左脚。此时非重心腿可放在从身前到身后的自转 180° 范围的任何位置。（见图 3-2-5）

只有当人体靠在支撑体上或跳跃等动感强烈的瞬间时，重心落点才会偏离两腿，此时支撑物或处在动态的手臂、服装、头发等可起到人体动态平衡的视觉作用，强化画面的生动性。（图 3-2-6）

图 3-2-5 非重心腿的位置

图 3-2-6 重心变化与动态平衡

人体动态的生动性表现，关键在于骨骼关节之处的变化，在一左一右间获得平衡。（图 3-2-7）

图 3-2-7 骨架平衡的生动性表现

在画儿童人体时常出现逆动态规律，这样会使人物显得更童趣一些。（图 3-2-8）

图 3-2-8 逆规律动态的童趣表现

另外，还有一些夸张的非规律和逆规律动态的人体，只要相对平衡也就能更生动地体现人体运动瞬间的变化和强烈的肢体语言，多用于年轻活泼人群的服装设计稿。（见图 3-2-9）

图 3-2-9 夸张的非规律动态人体及呈现的活泼设计

通常可以通过速写练习来感受人体动态的规律，为设计手稿的绘制打好基础。（见图 3-2-10 ～图 3-2-22）

图 3-2-10 动态骨架练习

图 3-2-11 站姿的写生

图 3-2-12 坐姿的写生

图 3-2-13 站姿和坐姿的写生

图 3-2-14 站姿的写生

图 3-2-15 站姿的写生

图 3-2-16 站姿的写生

图 3-2-17 坐姿的写生

图 3-2-18 坐姿的写生

图 3-2-19 坐姿的写生

图 3-2-20 坐姿的写生

图 3-2-21 坐姿的写生

图 3-2-22 坐姿的写生

三、不同年龄的成人体型的变化

虽然在时装画中常以表现最佳年龄体态的人体为主，以理想人体为模特，但在生活中实际服务对象的人体往往不尽理想。深入学习时，需要对不同年龄的人体特征和一些特殊体型的人体做研究与分析，并思考如何为这些人群服务。随着年龄增长，不同人体都会出现体型特征变化，这里根据部分常见的青年、中年及老年的人体类型，选取一些男、女人体体型资料供学生们研究学习与参考。（见图 3-2-23）

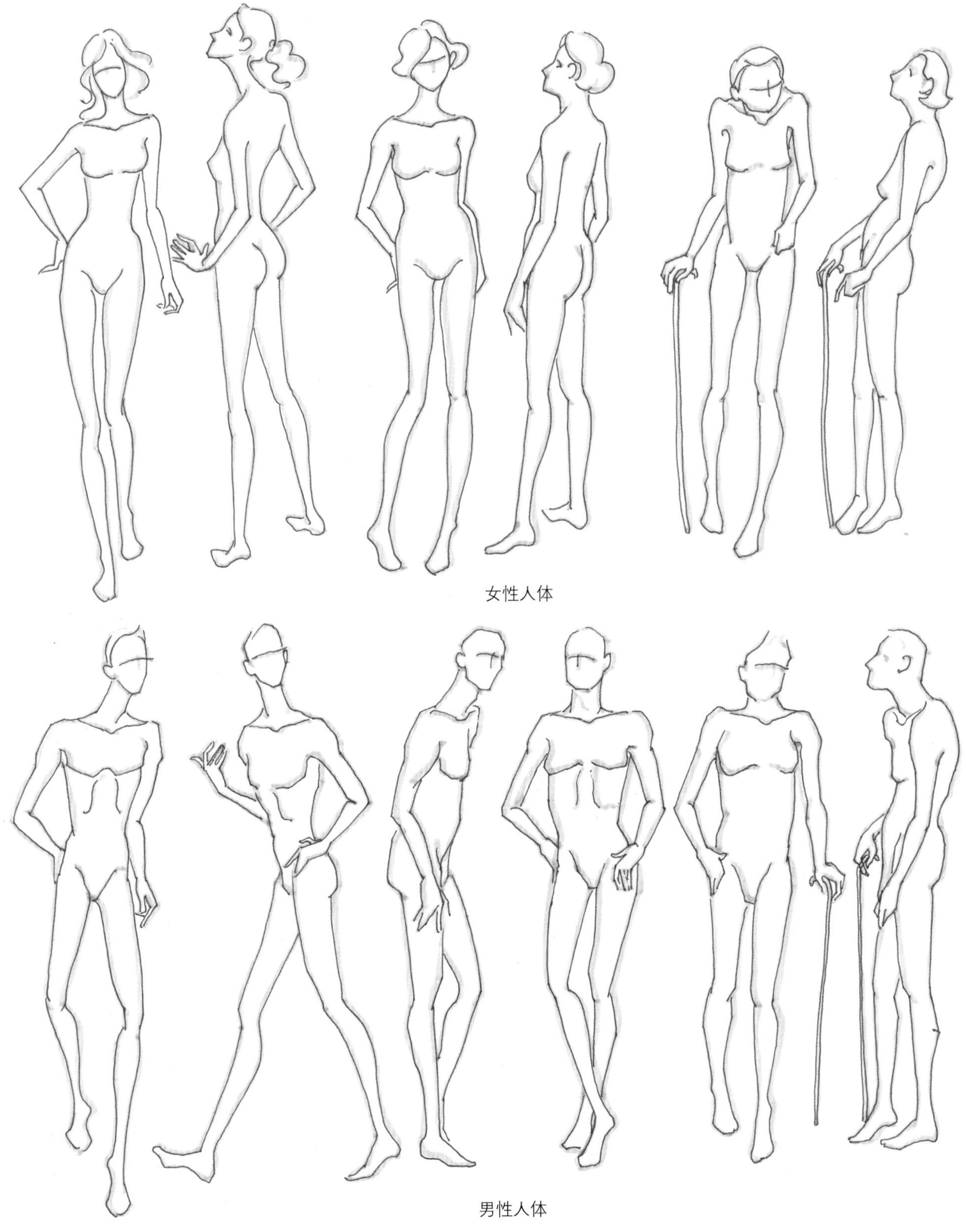

图 3-2-23 不同年龄的成人体变化

第三节 人体着装效果图的画法

人体着装效果图的学习，要从在人体图上画服装开始，这样才能基础扎实地学好，达到使画面上的每一个服装结构细节都能准确地表现出来。（见图 3-3-1）

图 3-3-1 人体着装效果图画法的步骤

一、在人体上画着装效果图

一般合体的正装和休闲装都是贴合人体表面来画的，而设计夸张造型的服装则需要选择特定的人体动态和角度来画。这里就合体服装与人体的关系来做着装图的分析。

1. 人体内衣的着装效果

一般内衣着装效果可以紧贴着人体来画，所有横向的结构线条要随着人体的体表起伏而变化，腰以下围绕人体的横纬线要向下形成弧形线，以体现人体的体表起伏，斜向和纵向的线条也要注意人的体表起伏，围绕着人体画，并注意前身与后背的连贯关系。（见图 3-3-2、图 3-3-3）

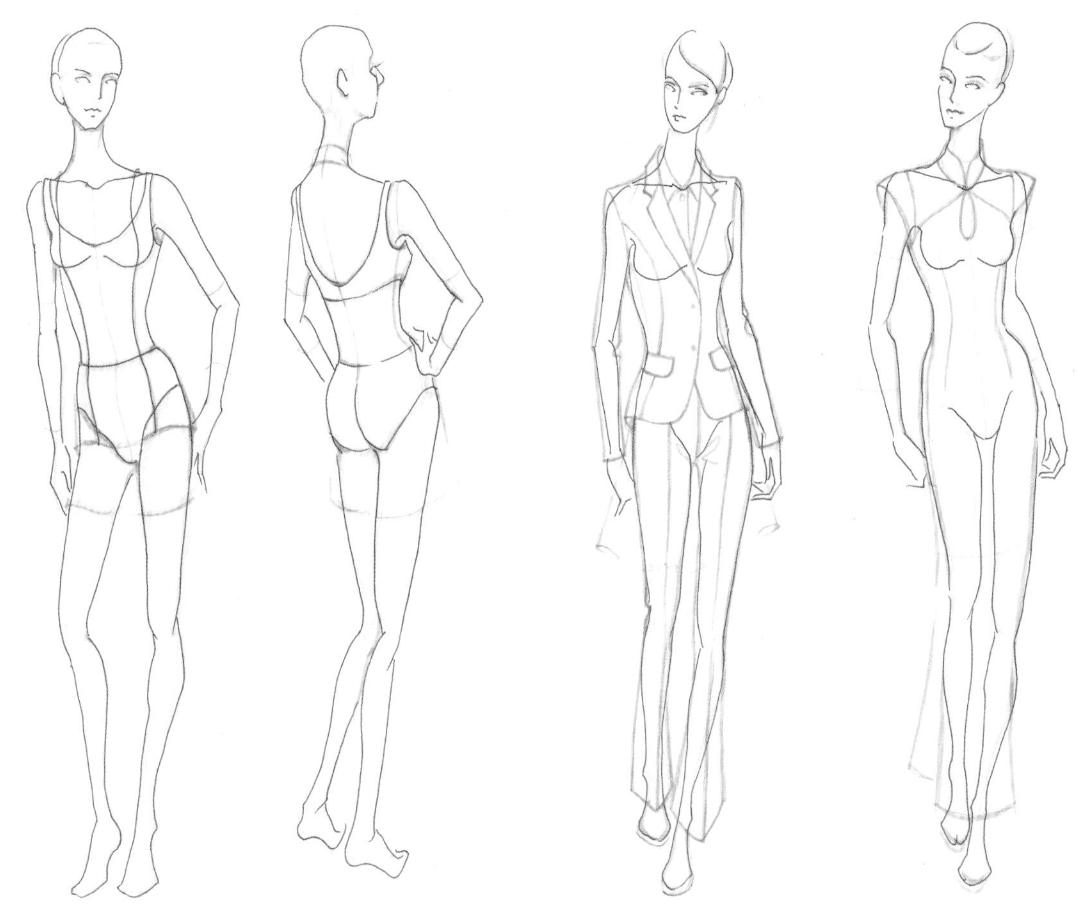

图 3-3-2 人体与服装结构关系

图 3-3-3 随体表起伏的贴身服装线形

2. 各式正装的着装

正装的着装一般在衣领和肩部基本紧贴着人体的颈和肩，领部有从颈后绕向前身的感觉（见图 3-3-4）。正装的肩部有时需考虑肩部衬垫的上浮因素。画门襟时以人的体表中线为基准，袖窿公主线沿着人体的起伏，贴 BP 点外侧来画。口袋要注意在门襟的两侧相对称地来画，并注意其与侧缝的关系。画下摆时一般在下弧形线的两侧回锋一勾，以体现立体效果。正装裙子的下摆下弧形更明显，多浪下摆的大小自由波纹也要在弧形上有变化。正装裤子如果有挺缝线，那么一般膝盖以上挺缝线在大腿的腿表中线上，膝盖以下挺缝线会偏向重心垂直方向。下摆呈下折角线。没有挺缝线的裤子的外形也要偏向重心垂落，还要表现出步态飘逸的效果。（见图 3-3-5）

图 3-3-4 领部画法

图 3-3-5 下摆回折，挺缝线偏向重心垂落

3. 各种裙子和礼服的着装表现

裙子和礼服在紧身着装时，类似内衣的着装效果。注意，要在背视效果图表现时找准人体的背表中线，中线两边的结构要画成相对的对称效果。拖地的长裙和礼服一般不露脚，要表现鞋子等配饰，可选手提裙角动作的人体（见图 3-3-6）。在表现柔垂飘逸的裙子时，可选择步态活泼的人体动态。在表现纱质感的或轻型面料裙子时可选站立或走路姿态的人体，并配合发型或围巾等被风吹起的效果来体现，笔触也可以用一种在纸面上快速轻划而过的方式来表现透明感，还可以在局部画些贴合人体的线条。

图 3-3-6 裙子和礼服

图 3-3-7 有结构线的各种时尚或另类服装的着装表现

4. 各种时尚或另类服装的着装表现

当今时装流行各种另类的服装造型，比如有些背离人体外形的服装，在画着装效果图时可选择体态另类或夸张动态的人体。在表现服装左右不对称或前长后短、左长右短等变化时，要充分考虑其与人体的关系，要附正、背面款式图并加以说明。有些在创意手稿阶段出现的服装效果画面，可以有多种款式结构的可能，因此设计稿要附加标明结构线的正、背面款式图，避免画出好看而不好做的着装效果图。（见图 3-3-7）

二、在人体骨架上画着装效果图

有了在人体上画着装效果图的扎实基础后，可以尝试在动态的人体骨架上直接套绘衣服，这样不仅可以提高绘画的速度，还利于保持绘画时对服装之美的灵感。此时所选的人体骨架动感可更加强烈，肢体语言也更微妙。有时采用的人体骨架比例也有所夸张，肢体语言配合服装的风格表现还可出现一些非规律且动感超常的人体。

人体重心飘出了重心腿支撑点时的步态，可通过服装和服饰来平衡画面，如可以采用衣饰被甩开等形式，体现上班族来去匆匆的着装状态。（见图 3-3-8、图 3-3-9）

通常人体的非重心腿膝盖与体表中线的偏向应该是一致的。当人体非重心腿膝盖的方向与体表中线方向背离角度变大时，这种站姿往往更能表现叛逆期少年们狂放的态度和不羁的着装效果。（见图 3-3-10）

人的肢体语言还可以通过关节变化来表现。如踝关节等细部肢体超常扭转变化，会强化当代个性青年常以刻意随意的着装表达人生态度。（见图 3-3-11）

图 3-3-8 超重心点的步态

图 3-3-9 非规律超重心步态

图 3-3-10 人的体表与膝盖曲向相反

图 3-3-11 脚踝超常扭转

人体头、胸、臀三体块超越常态地旋转，这种强烈的肢体语言也能尽情表现服装的美感。其类似秀场或红毯上明星般的回眸，使露背装尽显礼服的魅力。（见图 3-3-12）

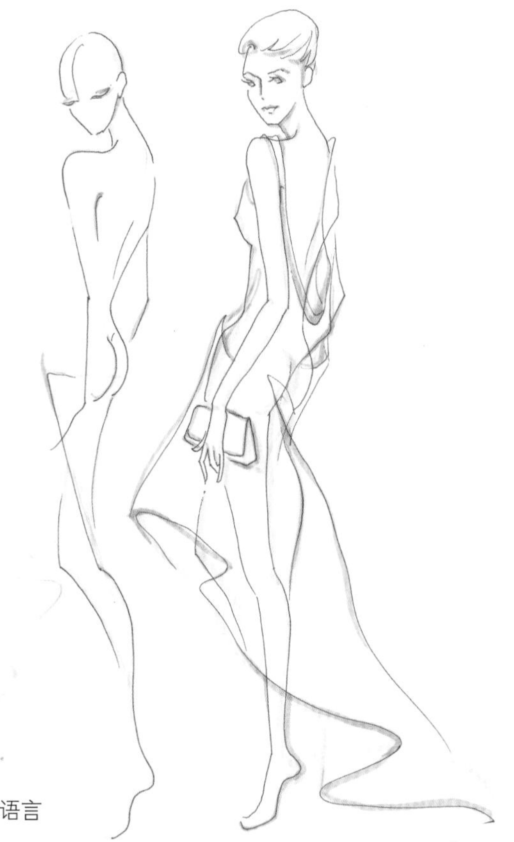

图 3-3-12 回眸的肢体语言

三、系列设计稿中人体着装效果图

在画系列设计稿时，要选择与服装风格相应的人体，而且模特们之间的动态也要相互呼应。如选择同类肢体语言风格的模特时更要注意与所穿服装的风格一致和长短搭配及颜色轻重的节奏关系。（见图 3-3-13）

图 3-3-13 风格相适应的人体与系列服装

在需要表现以侧面或背面结构变化为设计亮点的服装时，也可以选择多个模特以不同角度着装来展现同一款套装，还可以结合款式图与站姿和坐姿等来表现处于不同状态时的服装。（见图 3-3-14）

在绘制内外套装的设计图时，也可以一组模特穿着整套服装来表现，形成上下内外搭配不同的系列设计稿。（见图 3-3-15、图 3-3-16）

图 3-3-14 以不同人体姿态表现内外系列服装

图 3-3-15 整套服装组合表现

图 3-3-16 内外套装的组合表现

在画系列着装效果图时，也可仅画两个模特的着装图，其他内外搭配的服装以款式图的形式组合在画面中，供客户或审稿者选择。（见图 3-3-17）

图 3-3-17 系列服装的着装图与款式图

第四节 企业中常用设计手稿

在实际工作中设计师的手稿是没有固定格式的。许多设计师会有各自的手绘习惯。比如有些设计师会在报纸上从随手涂改的字母造型中获得灵感，先手绘将其形成服装廓形设计，然后到工作室以立体裁剪的方式塑造出新款式，有时还会用照片加细部说明表现，最后再请助手们做变款设计。

大部分在企业岗位的设计师，需要在设计手稿上明晰地反映服装新款的全面样貌和着装效果，以供在审稿和之后的工艺流程中定样，再供团队合作者共同认可。所以，在教学中着重要求以企业中常用设计师手稿的规范来绘制，使学生们养成绘制规范实用手稿的习惯。

一、设计草图加系列化变款图示

时尚服装设计手稿，可从创意设计的主题或廓型出发来表达。普通成衣或功能性服装设计手稿，可以从局部的功能开始来表达创意。

比如，源于各类几何廓形的服装设计构思稿，可先从几何形到款式的构想，再从构想到成款，最后从单款到系列款变化。（见图 3-4-1 ～图 3-4-3）

图 3-4-1 时尚设计从几何形到款式的构想

图 3-4-2 从几何形设计到成系列服装稿

图 3-4-3 有正、背、内、外面图的几何造型服装设计系列手稿

再如，源于局部设计的服装，从局部结构到其在服装上的运用，然后延展多款成系列。结构说明需加图示清晰表现，否则成衣后很难达到设计效果。（见图 3-4-4 ～图 3-4-6）

图 3-4-4 局部结构说明的款式设计手稿

图 3-4-5 加局部清晰表现的着装图

图 3-4-6 以局部搭扣为设计亮点的正、背面表现效果图

此外，还有源于服装历史资料的服装设计稿，其汲取史料中的廓型，通过局部设计的变化和延展，完成设计构思图稿。（见图 3-4-7、图 3-4-8）

图 3-4-7 来源于服装史料的廓形图

图 3-4-8 源于 20 世纪初服装廓形的变款设计

如果是为特殊体型人群所作的服装设计手稿，可以在各种特殊体型的廓形模板上涂绘，也可以用拷贝纸，在特体的人体廓形图上反复地做套衣方案，使服装视觉廓型趋于常态。（见图 3-4-9、图 3-4-10）

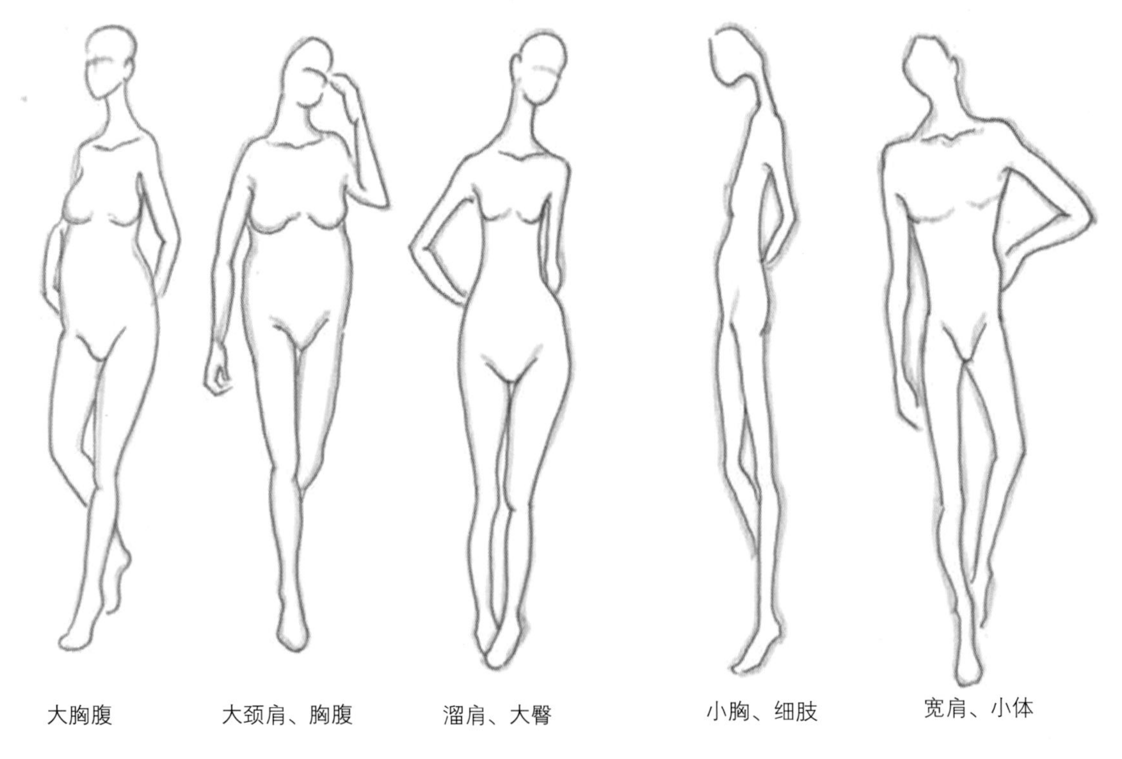

图 3-4-9 特殊体型

图 3-4-10 特殊体型的服装设计手稿

二、结构清晰的款式设计手稿

在整套设计稿绘制过程中，每一款从廓形到结构线必须表现清晰。可附加正、背面款式图及侧视图，其中拉链和绳带等应图示明确。（见图 3-4-11）

服装设计稿在延展多个款式时也可附加正、背面款式图及侧视图以及加说明。（见图 3-4-12）

图 3-4-11 附有结构清晰的款式图的设计稿

图 3-4-12 附有结构清晰的款式图的延展设计稿

在创作有特殊结构工艺或面辅料材质的服装且有特殊要求的设计稿时，画面中各款的变化部分要有细部说明，并可附贴面辅料加以说明。（图 3-4-13 ）

设计手稿的工艺说明可以标在设计手稿上，也可以另外附图说明。（图 3-4-14、图 3-4-15 ）

图 3-4-13 有细部说明和附贴面料的设计手稿

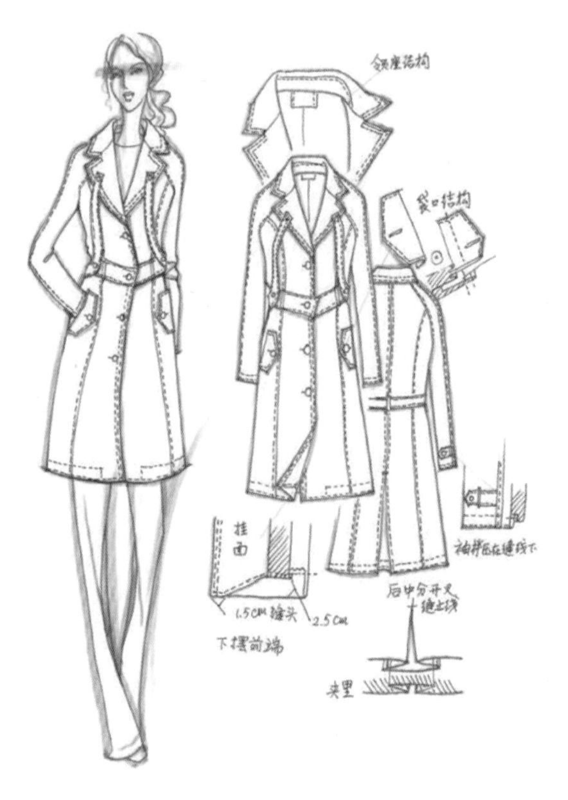

图 3-4-14 附有细部说明图的设计手稿

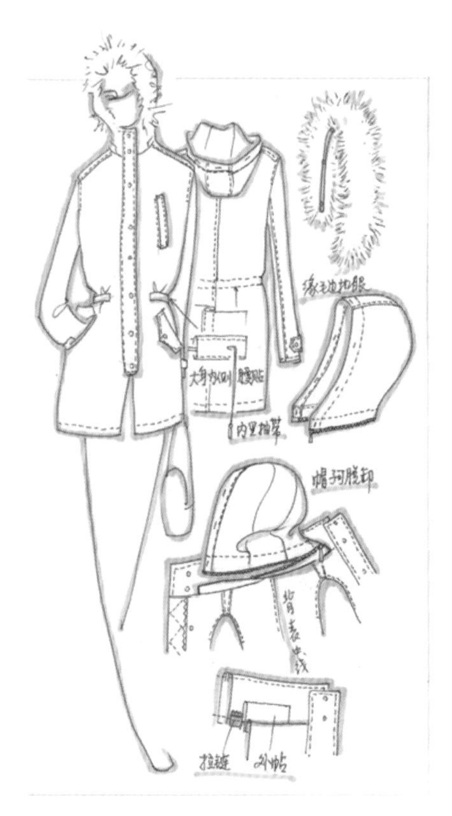

图 3-4-15 有细部说明图的设计手稿

三、照片翻稿及改款说明

在企业新款设计生产中，常用照片（资料）、面料参考来定位新款的风格和效果。根据照片风格和面料来进行改款设计，形成系列设计稿，以供客户选择（见图 3-4-16）。照片翻稿的背视图要与正面照片相关联，改款说明要用款式图标明设计细节（见图 3-4-17、图 3-4-18）。

图 3-4-16 照片翻稿及延展改款系列设计稿

图 3-4-17 照片翻稿正、背面款式图及延展改款款式图

图 3-4-18 照片翻稿正、背面款式图及延展改款款式图

大作业：

根据所给的照片资料（图 3-4-19），分析与研究其服装类型及风格特点，绘出服装效果图。

要求：

1. 选择恰当的人物和肢体语言，画着装效果图并配以服饰。
2. 展开系列变化款并形成系列设计稿。
3. 画正、背面款式图及附加款式说明。

图 3-4-19 照片资料

第四章 彩色着装效果图

第一节 服装效果图的着色方法

服装设计稿着色是为了让画面更生动，使客户和审稿者更直观地了解服装设计的风格和成衣后的效果。彩色服装效果图可以因稿件要求和用途的不同，其画面效果有所不同。同时，使用的颜料与工具不同，其画面效果也不同。

一、不同颜料、工具的着色法

同款服装的着装效果图表达，用不同颜料上色和使用不同工具（如彩铅、彩色水笔、水彩颜料及综合运用）的画法，可以达到类似的效果。（见图 4-1-1）

图 4-1-1 使用不同颜料、不同工具进行着色的效果图

颜料和手法的不同以及是否注重写实或写意，这些都会使画面效果差异较大。比如用彩色铅笔着色可使画面表现得更细腻。（图 4-1-2）

（一）彩色铅笔着色法

用普通的彩色铅笔着色，类似素描画法即可。可用彩色铅笔详细地表现条格面料和碎花面料效果。还可以用水溶性彩色铅笔上色后，再用清水毛笔进行局部溶开颜色而绘出渐变效果（图 4-1-3、图 4-1-4）。彩色铅笔画的着色步骤见图 4-1-5。

图 4-1-2 不同手法着色效果

图 4-1-3 彩色铅笔画

图 4-1-4 毛笔水溶彩色铅笔画

图 4-1-5 彩色铅笔画的着色过程及参考照片资料

（二）彩色马克笔着色法

水性马克笔类似彩色水笔，因其颜色干后会变淡，所以绘画时运笔速度要快些，要先浅色后加深，留出高光部位；油性马克笔的颜色较深，受光面处要多留白（图 4-1-6）。彩色马克笔着色步骤见图 4-1-7。

图 4-1-6 彩色马克笔着色效果图

图 4-1-7 彩色马克笔画的着色步骤及参考照片资料

（三）水彩颜料着色法

用水彩颜料上色是因为其有较好的透明性，能使线描的服装画结构保留完整。上色时一般先留出高光部分，涂上浅色后再逐渐加深，最后刻画细部。（图 4-1-8、图 4-1-9）

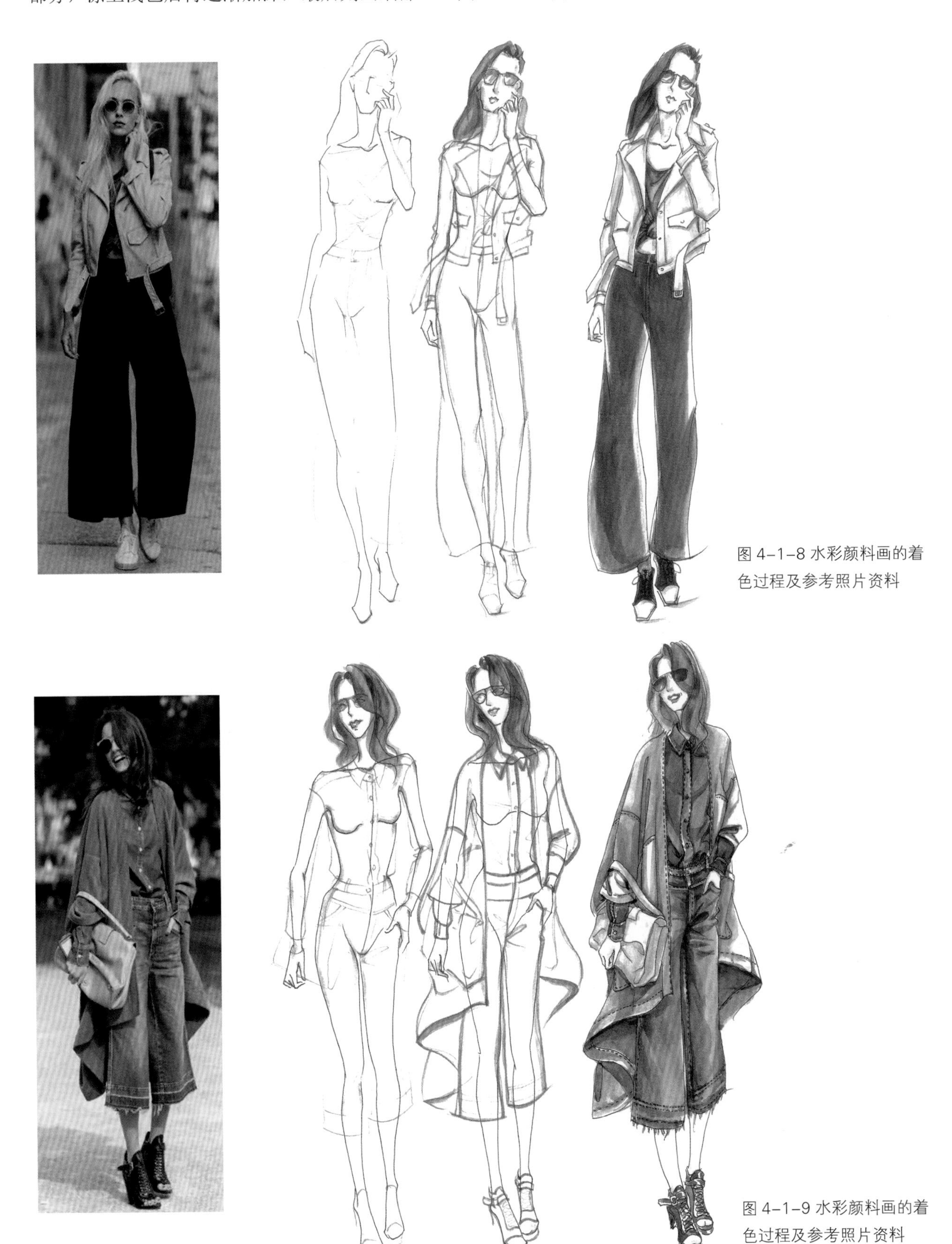

图 4-1-8 水彩颜料画的着色过程及参考照片资料

图 4-1-9 水彩颜料画的着色过程及参考照片资料

（四）多种工具相结合的着色法

油画棒具有油性防染作用。水彩与油画棒结合的画法，即先用油画棒画浅色的花纹或条格，然后涂上深色的水彩颜料。这时花纹或条格就会透露出来，其质感效果会非常自然。（见图 4-1-10）

图 4-1-10 水彩、油画棒相结合的画法

上述为较方便的常用颜料和工具，此外，还有许多其他材料和工具也可以用来画服装彩色稿。

二、不同面料质感的服装着色方法

服装面料质感丰富多样，下面列举一些代表性面料质感的表现方法来分析。

（一）纱质感的服装

纱质感的服装因其透明或有支撑性，无论用彩色水笔还是水彩颜料，作画时运笔速度都要快，枯笔侧锋轻扫而过即可，颜色透明性要好，笔触重复叠加部分刚好能表现面料重叠的效果。用彩色铅笔点上花纹和局部蕾丝，其效果会更好。（见图 4-1-11、图 4-1-12）

（二）皮质感的服装

在表现亮皮服装时，高光部分要留白，留白的形状要有流畅感，逐渐加深时也同样要有流畅形。金属纽扣可用荧光笔点缀。（见图 4-1-13）

（三）裘皮质感的服装

画长毛的裘皮时，可以将毛笔在纸巾上吸干一点，把笔尖整理成扁平且散开后再沾颜料，然后沿着服装轮廓的外形类放射状地轻扫，可以略微穿插和交错，笔触的长短和曲直因毛皮的特征而变化。同样受光部变浅色，背光处可以叠上深色。另外，还有用枯笔打圈表现羊羔绒等的表现方法。（见图 4-1-13）

图 4-1-11 用水彩表现纱质感

图 4-1-12 用彩色铅笔表现纱质感蕾丝

图 4-1-13 皮质感和裘皮的表现

（四）粗棒针针织服装

在表现粗棒针手工毛线衣的质感时，可以先用油画棒表现织纹图案，然后用水彩填出明暗，这样表现的效果很不错。（见图 4-1-14）

图 4-1-14 粗棒针针织服装的质感表现

（五）粗呢条格及牛仔磨旧效果的服装

通常可以直接用彩色铅笔或马克笔画条格，更好的是用油画棒加水彩的方法来表现粗犷效果。还可以再用细金属棒，成条地抠去油画棒的颜色。这样牛仔布磨旧或粗呢料的效果就出来了。（见图 4-1-15 ～图 4-1-17）

图 4-1-15 牛仔布磨旧和粗呢条格等各种面料的表现

图 4-1-16 各种条格服装的表现

图 4-1-17 各种条格服装的表现

三、不同画稿用途的着色方法

在日常工作中，设计稿的上色用马克笔示意局部即可，但有时会用彩色纸或面料小样贴色，更多的是把设计稿读入电脑，然后根据客户的要求选色或根据面料花色填入即可。（见图 4-1-18）

图 4-1-18 把设计稿读入电脑着色，可选面料改色

用于参赛稿或广告等其他用途时，绘制色彩稿要以整体画面的要求为准。画面可做背景装饰，背景与服装画在色彩的明度或色相上要适当拉开。在用背景图装饰时要注意保持让视焦点留在服装上。（图 4-1-19 ～图 4-1-22）

图 4-1-19 没加环境背景的画面

图 4-1-20 加了环境背景的画面

图 4-1-21 加明度差大的电脑背景处理

图 4-1-22 加色相差大的背景处理

四、不同计师手绘风格及习惯的色彩稿

这里选取了一些设计师及专业学校师生的部分作品，其画稿风格和方法各有不同，供学习参考。（图 4-1-23 ～图 4-1-33）

图 4-1-23 夸张发型和步态的画面

图 4-1-24 手包增加动感画面

图 4-1-25 装饰感画面

图 4-1-26 用高光笔金属色点缀的画面

图 4-1-27 装饰感画面

图 4-1-28 用油画棒加水彩色点缀表现的画面

图 4-1-29 用马克笔加水彩表现的系列稿

图 4-1-30 用马克笔表现各种春夏面料质感的系列稿

图 4-1-31 用马克笔表现各种秋冬面料质感的系列稿

图 4-1-32 用马克笔加高光笔表现的系列稿

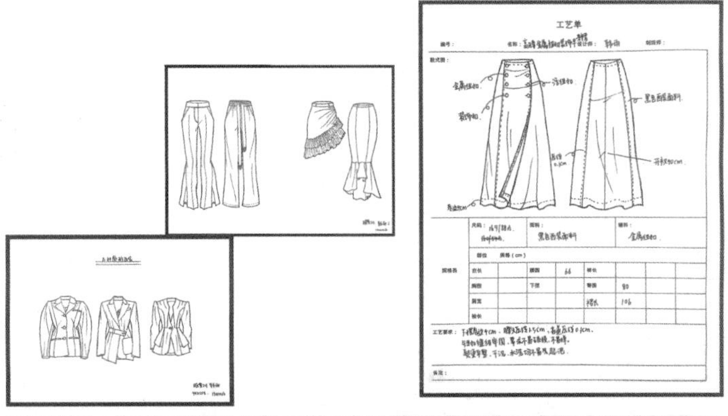
工艺单

图 4-1-33 马克笔彩色稿附加款式图及工艺说明的作业

第二节 参考服装照片的翻稿练习

临摹和翻稿练习是学习服装画技法的最基本方法。把服装照片或实物翻画成服装色彩效果图的练习，有利于对画稿所要表现效果的把握，也有利于对画稿成衣后服装状态的联想。翻稿练习可以从照片或实物写实开始，到变化及延伸款，最后到系列款。它是一个渐进的过程。

一、写实的翻稿练习

写实的翻稿，即人物动态、服装结构和面料色彩都与服装照片效果尽可能一致。其方法为：可根据照片先将动态的人物骨架或人体按相应的比例绘到画稿上，然后根据所分析的服装结构，按与照片上相同效果把服装画在人体上，接着检查结构细节、勾线，最后再上色（上色时要从淡到深）。这个过程如图 4-2-1 所示。

此外，还可将照片读入电脑，用 PS 软件中的线条工具进行抠图处理并修改结构细节，可适当拉长腿部，最后用喷绘工具等上色。（见图 4-2-2）

图 4-2-1 翻稿的步骤及参考照片资料

图 4-2-2 用 PS 软件处理的翻稿及参考照片资料

二、拓展的翻稿练习

在翻稿的基础上加上正面和背面款式图及说明，这样的画稿类似设计稿。在拓展的翻稿练习中正确理解服装照片里的款式结构和亮点是非常重要的。拓展翻稿的步骤见图 4-2-3。图 4-2-4 为拓展翻稿效果实例。

图 4-2-3 拓展翻稿的步骤

图 4-2-4 拓展翻稿效果实例

在翻稿的过程中可变换服装的色彩或服饰。因为颜色和搭配的变化会使画面呈现全新的效果，同时可以使学习者逐渐驾驭设计时要做的思考和尝试。（见图 4-2-5、图 4-2-6）

图 4-2-5 颜色和搭配变化的翻稿及参考照片资料

图 4-2-6 风格夸张的变化翻稿

另外，在画完一张翻稿图后，还可以根据画面特征作系列化延展。比如可以先选择 3 ～ 5 个与画面人物相呼应的动态的人体画，然后将原款的比例或零部件改动后变成新款并将其画到这些人体上，同时观察其是否有不恰当的地方，修改后上色，且色彩也要呈系列化变化。这时把握好服装之间、服装与人体之间以及色彩之间的关系等，是考验和提高绘画技法的重点。（图 4-2-7）

图 4-2-7 延展成系列稿的翻稿及参考照片资料

三、记忆翻稿练习

其方法为，观摩视频或照片资料，通过对服装的理解和记忆，选择恰当的人体，然后将服装画到人体上，最后上色。

对记忆中的服装特征进行分析，并把其变款成 3 ～ 5 款系列服装，然后选一组合适的人体并将服装画上，最后选与系列服装合适的面料色彩进行上色。图 4-2-8 所示的翻稿练习难度较大，学生们可根据自己具体情况选择。图 4-2-9 ～图 4-2-13 为各种照片和视频资料的变化翻稿作品。

视频照片 A

视频照片 B

视频照片 A、B 的忆翻稿画及延展变化款

视频照片 C

视频照片 D

视频照片 C、D 的忆翻稿画及延展变化款

图 4-2-8 记忆翻稿画及延展变化款

图 4-2-9 变化翻稿作品

图 4-2-10 变化翻稿作品

图 4-2-11 变化翻稿作品

图 4-2-12 变化翻稿作品

图 4-2-13 变化翻稿作品

第三节 系列设计服装效果彩图的表现

因为在服装设计新款推向市场时，同一流行要素往往会被不同的人群喜欢，但不同年龄和身材的人群对服装款式的要求是有所区别的，同时还有搭配需求上的各异，所以需要一些以某种风格或流行要素的变化款式来迎合不同客户的需要。此外，当新款服装以系列设计形式推向秀场或市场时，能产生目不暇接的群体视觉效应，较易引起共鸣。目前大部分企业和设计公司的设计任务以及各种服装设计参赛的设计稿都是以系列设计的形式表现的，而且新面料或辅料在市场上推广时也需要同时以多款同料服装来强化视觉效果，以争取市场机会。

系列设计稿一般以 3 ～ 5 款的画面横向平排或前后穿插，竖构图时可局部重叠或设计坐姿等。系列稿的用色和技法要一致，其色彩的三要素（明度、色相、纯度）中至少有一项应是一致的。有时添加同类或对比的背景色以加强风格定位感，也可将画面输入电脑后再加背景，便于控制画面色调来协调主次。（图 4-3-1 ～图 4-3-4）

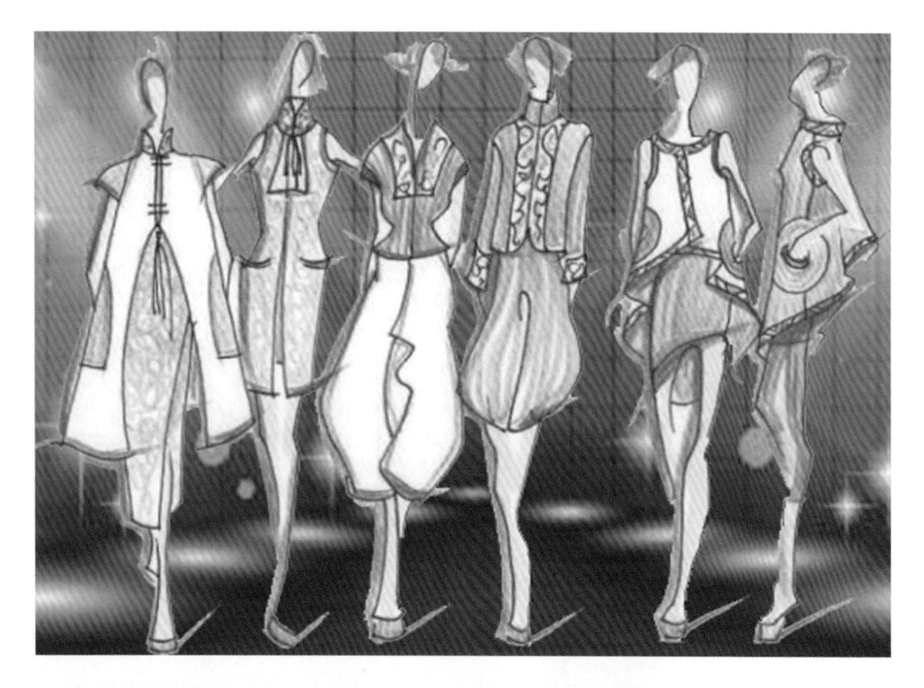

图 4-3-1 风格色彩迥异的背景的系列

图 4-3-2 风格色彩一致的背景的系列

图 4-3-3 系列设计稿中形与色的定位

图 4-3-4 根据系列设计稿中形与色的定位而进行的处理

一、同种服装风格基调形成的系列服装表现

1. 民族风格的系列设计

民族风格的系列设计常采用有对比因素的色彩图案，其对比中要有统一因素，如色相对比强时明度或纯度要统一。可以用彩铅或水笔画图案，也可用油画棒先画图案再用水彩扫上底色，透出的花纹效果会更有变化感。有时还可以线描纹样背景体现民族风格。（见图 4-3-5）

2. 军旅风格的系列设计

此类风格可涉及运动休闲服装，也可渗透在职业装或礼服之中。迷彩是军旅风格的一大特征。用水彩表现迷彩效果时，可以用湿画法进行局部虚实相间，能轻松而又自然地表现，也可以将这些方法用在服装画的局部或背景的渲染上。（图 4-3-6）

图 4-3-5 民族风时尚色

图 4-3-6 水彩的迷彩效果

二、相同工艺和肌理质感形成的系列服装表现

当进行针织服装系列设计稿表现时，除了用线描表现针织结构外，油画棒和水彩颜料的配合使用也是常使用的一种方法。浅色的油画棒突出肌理结构，再用深色水彩覆盖上去，其立体感就显现出来了。针织

服装的品种和肌理结构变化很多。此外还有仿梭织或仿裘皮效果的针织面料，在表现时可以综合运用表现技法。（见图 4-3-7）

图 4-3-7 各种针织面料质感表现

在表现羽绒及各种棉服系列设计稿时，可以先以线描表现出棉服的厚度感，再用色彩的深浅变化表现立体效果。（见图 4-3-8）

图 4-3-8 冬装系列棉服质感表现

三、不同穿着人群形成的系列变化服装表现

绘制服、校服等系列设计稿时，可以选择画代表人物的完整着装效果图。其他内外搭配的服装也可以用款式效果图表现，局部上色或标注面料色彩都行，服装的底色可留给客户选择（图 4-3-9）。一般校服系列的色彩为两到三色（见图 4-3-10）。

图 4-3-10 校服系列色彩在两到三色之内

图 4-3-9 局部色彩标注的配款式图系列稿

为特殊体型人群设计系列服装时，画稿要以其特殊的人体为基础，然后给其着装，再配以色彩和面料质感的表现。如为微胖中年女性所作设计稿见图 4-3-11、图 4-3-12。

图 4-3-11 微胖中年女性人体

图 4-3-12 微胖中年女性着装效果图

童装系列设计稿的表现，除了要准确表现不同年龄儿童的动态和肢体语言特征，还常以鲜艳明快的色彩来表现服装或作点缀背景处理。（图 4-3-13）

图 4-3-13 明快色彩的童装和相应的背景处理

在绘制不同风格主题、不同质感机理、不同穿着人群的各种系列设计稿时，都可以用背景元素和颜色的一致性来加强画面的系列感，还可以用各种工具和美术技法去强调和渲染氛围效果。

大作业：

1. 选择各种人物着装照片资料，将其手绘成彩色效果图。可采用水彩或彩铅及马克笔相结合表现，体会各种材料工具的手感效果。

2. 选择针织、裘皮等各种质感面料的着装照片，使用各种材料工具分别表现，完成效果图。

3. 根据照片或视频的服装资料，画着装彩色稿，然后将其拓展成系列彩色稿。

第五章 创意服装画

服装创意画指以服装画表达各种创意的绘画表现形式。它既可以是艺术设计师深思熟虑的创意画，也可以是服装设计师的不太完整的创意手稿，还可以是戏剧、电影等视觉形象的创作稿，亦或是用于广告、插图、装饰画等的服装画稿，是以呈现人物服装之美的作品。

第一节 创意服装设计稿

创意服装设计稿是服装设计师记录内心创想的画稿，可以是黑白稿也可以是彩色稿，其所用的工具和手法没有限制。它可以是从抽象到具象、从夸张到接近真实人体比例的画面。

设计师在捕捉瞬间灵感时画的手稿是非常珍贵的。手稿有时会不太完整，可以配一些文字说明和标记。这些灵感，有些是源于设计师的随笔或史料，有些是源于自然生命体的仿生物设计或由建筑、灯笼、花瓶、餐具等各类人造物品移植而来，有些是源于大自然的景物或不起眼的落叶和杂物等。因此，创意服装设计手稿是可配以照片和写生稿等灵感源的资料。（见图 5-1-1、图 5-1-7）

图 5-1-2 源于植物的创意稿

图 5-1-1 源于花瓶的创意稿

图 5-1-3 源于昆虫的创意稿

图 5-1-4 源于建筑的创意稿

图 5-1-5 源于水波的创意稿

图 5-1-6 源于乐器的创意稿

图 5-1-7 几何联想的创意手稿

一、不同用途的创意服装设计稿

（一）广告或装饰用的创意设计稿

这类手稿从创意设计的主题出发，其表现内容可从有强烈的符号感和夸张的轮廓形态到现实版的时尚服装，其呈现效果可以是多元的。（见图 5-1-8、图 5-1-9）

（二）表现灵感源内涵的创意设计稿

它是灵感来源于如植物花叶廓形的设计、鱼类的仿生设计的手稿，是从构思到着装设计创意稿的呈现，并附有款式图和着装效果图。（见图 5-1-10）

图 5-1-8 广告或装饰用的夸张机理感的设计手稿

图 5-1-9 广告或装饰用的夸张廓形的设计手稿

图 5-1-10 表现灵感源如花朵和鱼类的内涵的设计稿

（三）动感人物服装创意设计稿

为表现舞者的肢体语言，让服装飘起来，就要选取相应的动态人体。服装的廓形设计构想可随动态人体而变化。（见图 5-1-11 ～图 5-1-14）

图 5-1-11 动态变化记录稿　　图 5-1-12 动态变化骨架构想　　图 5-1-13 动态变化服装设计

二、多样性材料与工艺的设计稿

不同设计师的绘画习惯各异，其设计手稿的样式也是多样化的。为了表达创意，随手用各种工具记录灵感，或者刻意地用各种材料表现奇特的设计效果，其既可以是设计稿也可以是装饰画。常见的有以下几种：

（一）广告及彩纸撕贴效果图

（1）在广告纸上的人物上，张冠李戴地贴上其他造型的服装。

（2）在手绘人物上贴上各种风格图案的服装造型，如复古或回归自然风格等。

（3）用各种肌理的原纸或各种肌理效果的创作，通过揉、折、烫、撕等方法做出抽象的服装造型画。（图 5-1-15 ～图 5-1-17）

图 5-1-14 动态变化服装构想

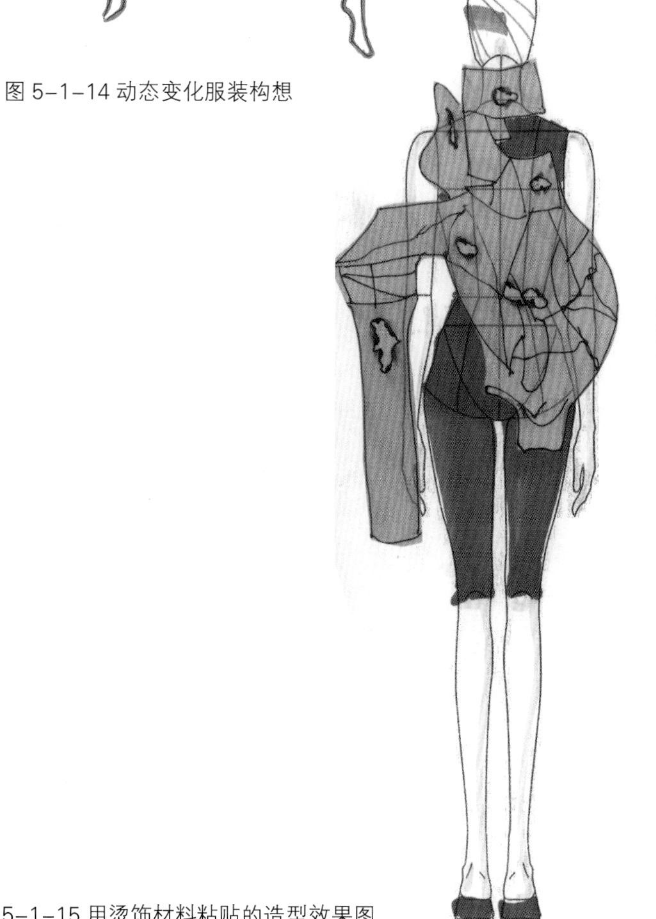

图 5-1-15 用烫饰材料粘贴的造型效果图

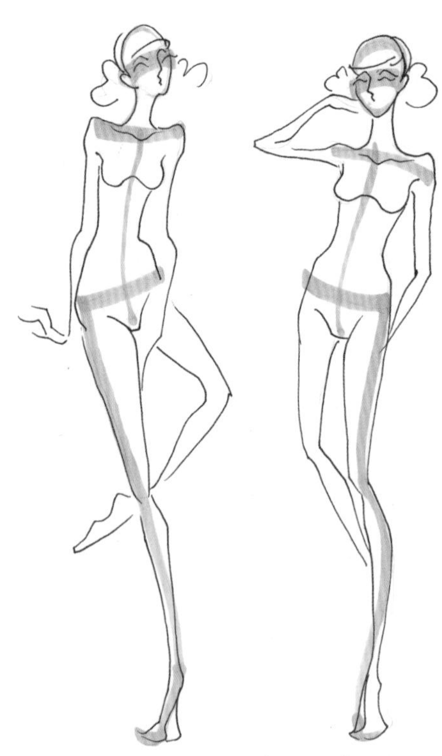

图 5-1-16 可贴图的人物骨架

图 5-1-17 叠纸肌理效果图

（二）面料及立体点、线材料拼贴效果图

（1）在服装线描稿上粘贴服装面料，使之与画相结合。这是常用的设计彩色稿方法之一。（见图 5-1-18、图 5-1-19）

图 5-1-18 结合面料贴的透视效果画面

图 5-1-19 结合面料贴的风格示意效果图

（2）在动态的人物骨架上贴各种色布，利用面料的正反面肌理的变化，呈现各种面料搭配的效果。如用布贴加手绘或用各种材料拼贴，使画、贴相结合，有时附加一些说明图和附贴一些面辅料。（图 5-1-20、图 5-1-21）

图 5-1-20 贴布造型效果图

图 5-1-21 贴布前的人物骨架

（3）在一大堆色布中，随机剪取一些形态各异的碎布，然后直接用其贴出动态人物的效果图。通过这种方式，可以在选择造型和色彩中寻找到服装设计灵感。（见图 5-1-22）

图 5-1-22 碎布贴造型效果图

（4）还可以用点状、有色的立体材料和线材等表现设计效果。比如：用点状的花瓣、叶、籽等，以马赛克式地拼贴出效果图；用塑料、珠子、纽扣、绳带、纱线等，或用彩线构成的线描，来表现服装效果。（见图 5-1-23 ～图 5-1-27）

图 5-1-23 叶子堆贴彩绘造型效果图

图 5-1-24 塑料堆贴彩绘造型效果图

图 5-1-25 花瓣堆贴彩绘造型效果图

图 5-1-26 花瓣堆贴彩绘造型效果图

图 5-1-27 叶子堆贴加彩绘造型效果图

（三）利用涂鸦、水迹等偶然成形的创意服装画

在服装创意画中，有的是画在手册上的，有的是画在黑板上的，有的是在纸上涂鸦后逐渐成形的，还有的是用餐巾纸折捏成的……服装创意画有时还可以从投影般的水迹入手，一边捕捉服装的美感一边作画，如同从廓形到具体款式设计过程（见图 5-1-28 ～图 5-1-31）。服装创意画的形式可以不拘一格，千变万化。

图 5-1-28 水迹造型

图 5-1-29 水迹造型初绘稿

图 5-1-30 水迹造型绘稿步骤

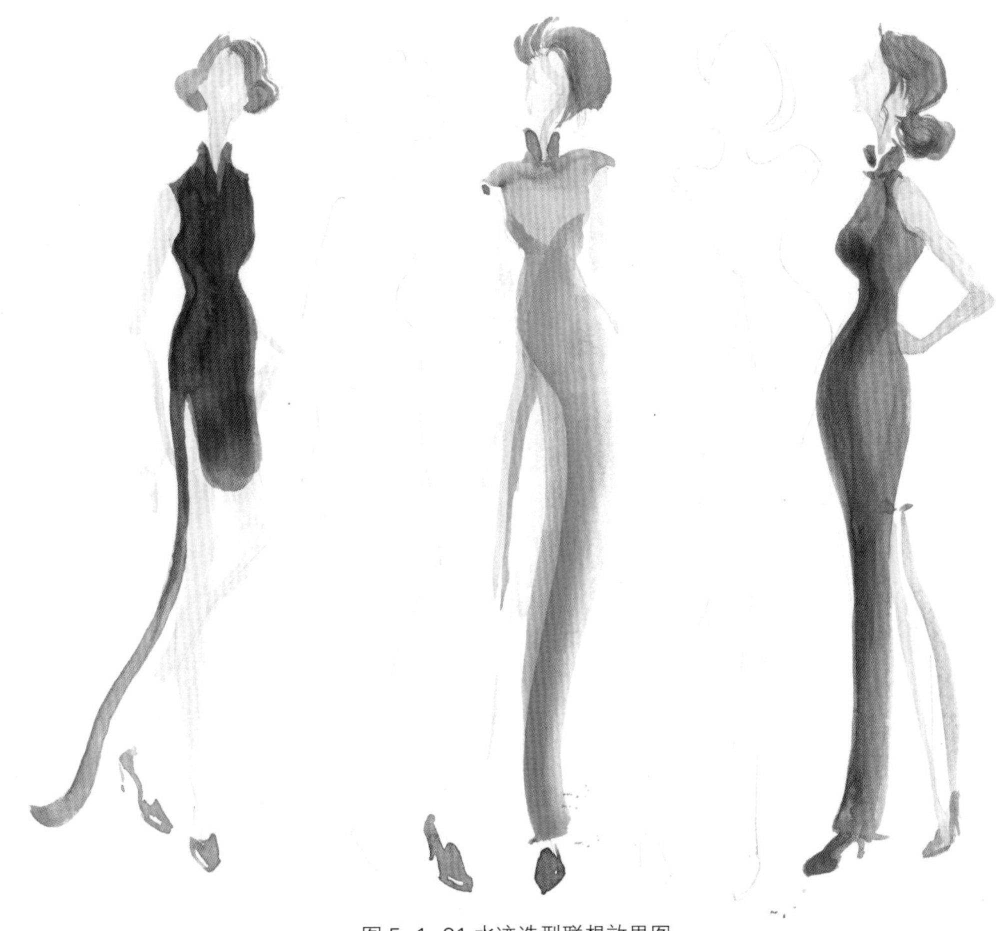

图 5-1-31 水迹造型联想效果图

第二节 剧情角色服装设计手稿

在一些戏剧、电影或广告拍摄之前，对剧中人物的形象设计是形象导演的工作，其中人物的服装设计尤为重要。根据剧情及人物形象特征和历史背景选择服装，给出搭配方案并绘制设计稿，是舞美设计工作的重要部分。画稿的呈现要考虑人物的动作和角度等，要使画稿中服装对剧情具有渲染和演绎的作用。在绘制此类设计稿之前，要对剧情做充分的研究，要使完成的画稿中画面及人物动态和角度呈现出夸张、别致且多样化的特点。

比如一台舞剧的服装设计稿，对剧务服装师和演员具有指导作用。此类服装创意画，有时就像在做连环画的局部创作一样，很富有趣味性。根据合作者的习惯和需求，设计稿画面可以是有背景因素的彩色稿，也可以是实用的线稿加色卡说明；同时，画稿上还要附加服装制作时的主要面料要求及辅助材料和工艺的说明。这样才能达到在舞台上呈现出原设计的效果。舞剧服装设计稿中所画的要点，不仅是剧情服装，而且其人物服饰形象和动态特征也可以为舞剧增色添彩。（见图 5-2-1）

图 5-2-1 剧情角色服装设计手稿

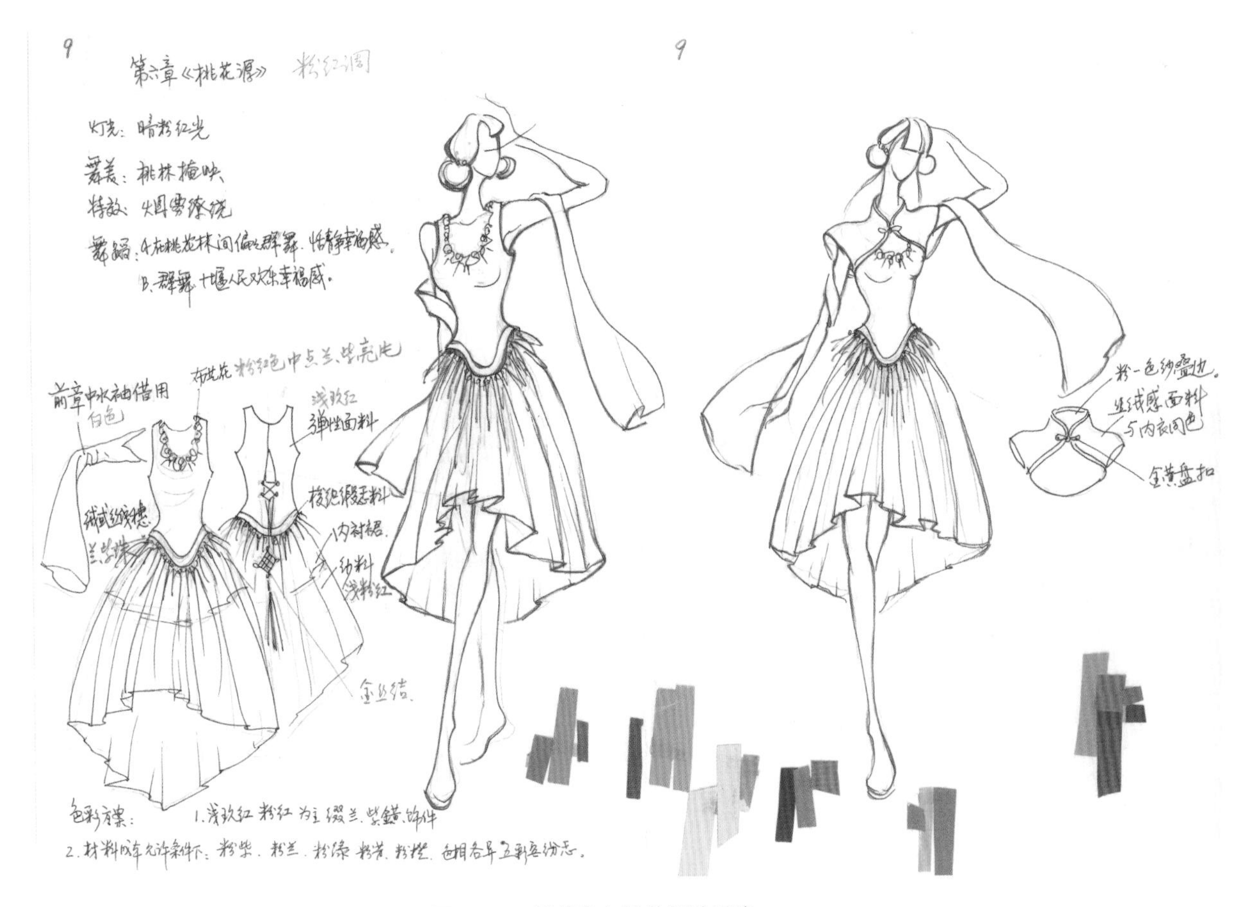

图 5-2-2 剧情角色服装设计手稿

第三节 其他用途的创意服装画

在人类开始使用文字之前，用图画记录事件是表达情绪和意图的有效方法之一。许多民族的文字也是从象形符号演变而来的。随着社会发展，如今人们交流的需求正在迅速多元地发展，源自人类早期文化行为的手绘一再时兴，以画达意能使人们快速而直观地传递信息，还能弥补文字的局限。读图时代的回归，也是文化交流复兴的途径之一。

以服装为特色的创意画，能使信息传递更生动。比如：插图用创意服装画在时尚信息发布或专业论文中更有了说服力；各类插图和连环画中的创意服装画能生动地反映故事中的时代背景特征和人物个性等。如今，更多年轻人喜欢以动漫人物的服装形象和服饰装备变化的绘画来表达创意和想象；男生或女生们也常以纱裙礼服创想画面来满足对骑士侠和公主梦的憧憬。（见图 5-3-1 ～图 5-3-3）

图 5-3-1 礼服创想画

图 5-3-2 服装创意画插图

图 5-3-3 动漫人物的服装

在各类广告和包装中也有一部分以服装创意画为特征的画面，让人一目了然地感知到产品的时代风貌和品味。（见图 5-3-4）

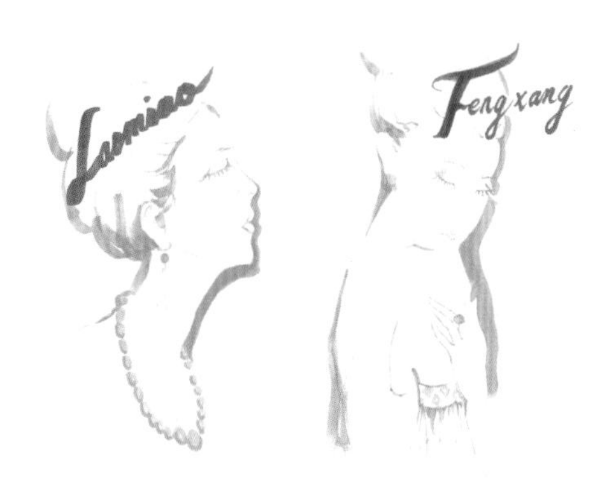

图 5-3-4 服饰广告画

一些趣味审美的装饰画中，服饰人物画、随手的涂鸦或水墨画等，提炼了人物风貌特征，通过服装人物画形式表现创意。以人物和服饰装饰为题材的绘画，在传递人类情感和表达审美趣味时能直击人心。许多大师的人物服饰装饰画作品，早已成为许多学习入门者模仿的范例。（见图 5-3-5 ～图 5-3-11）

图 5-3-5 涂鸦感画面

图 5-3-6 水墨感画面

图 5-3-7 装饰感画面（比亚兹莱·王尔德作品）

图 5-3-8 服饰人物装饰画（古斯塔夫·克里姆特作品）

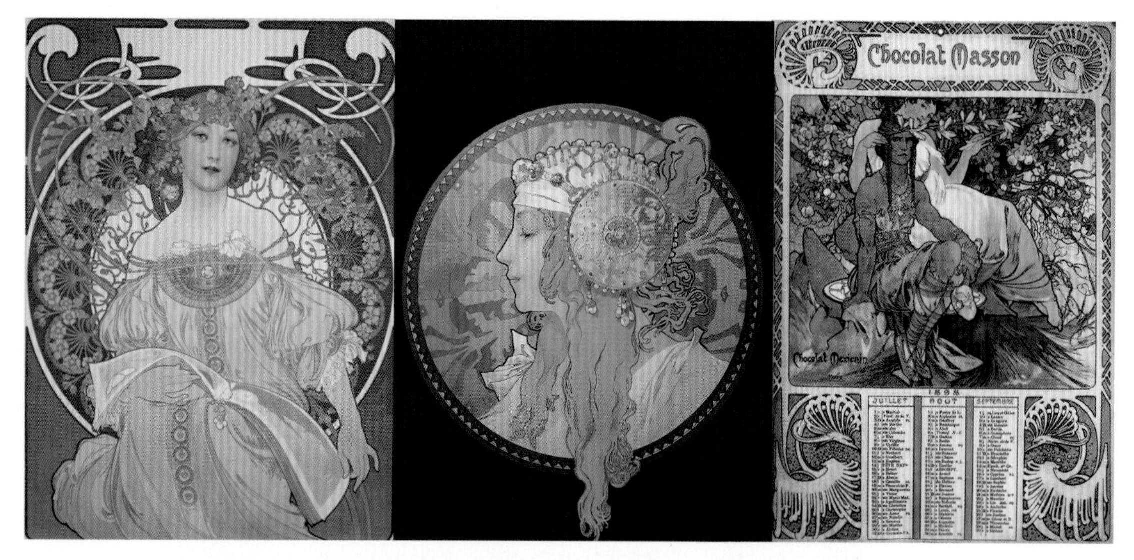

图 5-3-9 服饰人物、服饰头像及封面人物装饰画（阿尔丰斯·穆夏作品）

图 5-3-10 明代人物画中服饰表现（左为唐寅作品《玉蜀宫妓图》；右为佚名作品《明人画千秋绝艳图》局部）

图 5-3-11 西方人物画中服饰表现（爱德华·马奈作品《吹笛少年》）

服装创意画的用途还有很多。服装创意画的达意功能可以用于交流，可以自我写意，可以表达创想，也可以使创想走向实践。20 多年前，人们曾经梦想服装生产不再需要纺纱织布、剪裁缝制，而是把纤维液态化后浇制成衣，如今 3D 打印在其他领域的实践使梦想有了实现可能。到实现那时，人人都可以随心所欲地绘衣得衣。

服装画是服装设计工作者所需要具备的技能之一，有时也是艺术家表达审美见解和创意的形式之一；同时也可以是每个服装设计审美爱好者玩味的游戏之一。要迅速学会服装画，正确地握笔和运线是入门的要领，形比结构和人物动态规律是学习的关键，上色和各种质感的表现是掌握绘画技法的难点。从临摹开始，按单元进度要求进行，多看、多思考再加上多多练习，这样就一定能迅速进步。

经过本课程的学习后，可以把开始学习时第一天画的画稿与现在的画稿进行比较，看看所取得的进步，检验一下自己是否能随手画出一张创想服装画。（图 5-3-12）

图 5-3-12 随手创想画作品实例

参考文献

[1] 艺术研究中心 . 中国服饰鉴赏 [M]. 北京 : 人民邮电出版社 ,2016.
[2] 张宏 , 陆乐 . 服装画技法 [M]. 北京 : 中国纺织出版社 ,1997.
[3] 王家馨, 赵旭堃. 应用服装画技法 [M]. 北京 : 中国纺织出版社，2006.

后记

在本书的编写过程中，深感时间珍贵，岁月不饶人，要想有所为，必需及时呵！

在此先要感谢翻阅到最后一页的读者。大家对本书的喜欢，是我最在意的。被需要是我人生观中的首幸之求。花甲之年还能与年轻人做些有用的事，深感欣慰。总结经验，留存后鉴。

此刻要感谢上海东海职业技术学院的领导给予的激励和机会，使我能对自己 30 多年来的在服装专业的学习、从业和教学作一些总结。感谢前辈学者们的书籍资料给予的借鉴。也正是这些书籍资料，多年来伴随着我前进的每一步。感谢同学们给予我教学的肯定和信心。特别感谢参与本书编写和修改的老师、同学们，以及提供作品的同学们。更要感谢东华大学出版社给予的认可和支持。

希望本书能得到更多读者的喜欢，并有助于大家步入服装设计其他课程的学习。

希望本书给予大家的不仅是服装画入门的技法，还能有助于大家快速进入专业学习状态，更专业地对服装进行观察和审美分析，更专业地描绘和表达对服装的美感及创意，更专业地进入服装设计的每一步骤的工作状态。

希望通过对这本书的学习，同学们能建立好的学习习惯，在学习中学会读书、思考、做事、做人，成为对社会更有用的人。